主要经济作物优质丰产高效生产技术

（一）

农业农村部科技发展中心

U0380818

中国农业出版社

北京

本书编委会

主　　编　李华锋　李　董

副 主 编　周　攀　丁明全

参　　编　（按姓氏笔画为序）：

丁明全　万　一　王力荣　王文泉　王国平

王春乙　申烨华　宁国贵　汤　沙　伊华林

朱国忠　刘继红　任桂娟　李　华　李　强

李　董　李世东　李华锋　李芳东　肖更生

张友军　张晓莉　张新友　张新明　陈发棣

陈松笔　明　军　易干军　罗正荣　周　攀

周广生　周艳虹　郝玉金　须　晖　姚小华

贾冠清　徐　强　高俊平　郭　飞　郭继英

黄华孙　黄坚钦　蒋卫杰　韩广轩　程汝宏

管清美

前　　言

　　"十三五"期间，国家针对园艺作物、热带作物、大田经济作物和特色经济林作物启动了国家重点研发计划"主要经济作物优质高产与产业提质增效科技创新"重点专项，旨在解决主要经济作物基础研究薄弱、轻简栽培技术缺乏、防灾减灾能力不强等问题，实现"优质丰产、提质增效"的目标，为实施乡村振兴战略提供科技支撑。

　　目前，该专项在主要经济作物重要性状形成与调控、逆境响应机制与调控等方面取得重要进展的基础上，研发出了一批园艺作物、热带作物、大田经济作物和特色经济林作物的优质丰产高效栽培与管理技术。为了加快推进国家重点研发专项技术成果转化应用，切实解决四类作物生产中的实际问题，农业农村部科技发展中心（专项管理专业机构）组织专项项目和课题承担单位，遴选了100余项技术成果汇编成册，供科研推广人员、农户、专业合作社及涉农企业使用。

　　在成果遴选过程中，得到了专项各位项目负责人的大力支持，在此表示衷心感谢。由于编写仓促，书中难免有遗漏、错误之处，敬请读者批评指正。

编　者

2020 年 5 月

目　录

1

第一部分

园艺作物

苹果矮化自根砧苗木繁育技术

一、功能用途

我国苹果种植面积占世界苹果种植面积50％以上，发达国家苹果栽培80％采用矮砧密植，我国矮砧密植不足10％，且已有矮砧以中间砧为主。因我国自根砧栽培技术不成熟，严重制约了苹果矮砧栽培模式的推广。为解决这个问题，本成果以无性系矮化砧木（采用压条、组织培养、扦插或无融合生殖等方式繁殖）作为砧木，直接嫁接获得苹果矮化自根砧苗木。与传统办法相比，矮化自根砧苗木保持着母株的优良遗传特性，整齐度高、矮化性好、早果性好、丰产性好。

矮化自根砧苗木适合在有灌溉条件的区域栽植，可实现当年成花、次年结果，第4～5年进入丰产期，较传统苗木提早结果2～3年。节水节肥30％以上，树体70％光合产物分配至果实中，经济系数提高30％以上，树体矮化，栽植密度提高2～3倍，适合机械化操作，节省劳动力50％以上。

该技术在陕西关中地区研发，其他区域可参考应用，根据物候期和土壤等立地条件进行适当调整即可。

二、技术要点

1. 嫁接

嫁接方法：芽接，时间在3～4月、8～9月，砧木嫁接位置粗度大于6mm，位置在地上部25cm处；离体枝接，休眠期（1～2月），室内进行离体双舌接，接穗可以选择在冷库内安全贮藏的接穗，砧木嫁接口粗度在8～12mm最佳。

贮藏：入库前对嫁接芽苗根部及以上20cm使用0.5％硫酸铜溶液进行浸蘸消毒，存储框使用密封的塑料薄膜包围，底部铺湿锯末，冷库温度维持在0～1℃。贮藏期随时监控苗木状态，避免过干或过湿发霉腐烂等。

2. 定植

苗圃地选择：选择无检疫性病虫害、无环境污染、交通便利、向阳、地势平坦、有灌溉条件、排水良好、土质肥沃的砂壤土、壤土或轻黏壤土且10年之内没有种植过果树的土地作为建圃用地，同时设置隔离区。

苗圃地准备：将土壤深翻并旋耕，达到平、松、匀、细。灌溉系统采用滴灌。泡苗池选在平整、阴凉处，深度大于 30cm。

定植流程：苗木浸泡：在干净无污染的水里浸泡 24h；药剂处理：0.5%硫酸铜处理 20min 和根系速蘸生根粉（6 000 倍萘乙酸）；覆土定植踏实：种植深度为 20～25cm，两年生苗圃株行距以 30cm×90cm 为宜，定植时间 3 月初到 4 月中旬，定植后覆土踏实；铺设毛管、浇水：浇水下渗深度必须到达根部 30cm；二次踏实、重复浇水。

3. 日常管理

栽培管理：划膜→平茬→短截→抹芽→插竹竿→除萌蘖→除草→促分枝→促落叶。砧穗嫁接口完全愈合后进行划膜，芽接苗发芽前对砧木进行平茬，平茬高度在嫁接口上方 1cm 处。第二年春季苗木萌芽前在苗子 65cm 左右（饱满芽上下浮动 5cm 以内）处进行短截。4～5 月芽生长到 3～5cm 时，可抹掉砧木上的萌蘖。苗木定植后立即插竹竿，插前先浇足水，竹竿深度大于 20cm。苗子长到 90～100cm 去除所有萌蘖。4 月开始每月除草 1～2 次（机械除草或化学除草，每个生长周期化学除草应少于 3 次）。促分枝：新梢长到 10cm 或坐地苗高度长至 60cm 开始进行促分枝，通常为化学药剂法和掐尖处理配合使用，苗木旺盛生长期间隔 10d。化学药剂法为普洛马林（1.8% 6-BA 和 1.8% GA4＋7，浓度为 40 倍左右）将苗子顶部位置 10cm 全部淋湿。掐尖处理用手掐掉顶部的部分嫩叶（3～4 片叶子），顶芽生长点不能损伤。化学促落叶：10 月喷施 200～500g/亩螯合铜，7d 喷施 1 次共喷 3 次。

施肥浇水：原则为按需供应、前促后控，根据苗木情况实时调整。6 月上旬停止进肥，视情况调整水量供应。施肥方案：采用水肥一体（肥料随滴灌管进入苗圃）、少量多次，施肥频率 7～10d 一次，6 月前以氮肥为主，6 月后加入磷钾肥，总量为尿素 40～60kg/亩*、磷酸二氢钾 10～30kg/亩，单次施肥用量不超过 10kg/亩。5～6 月依生长情况补充微量元素肥（铁、镁、锰、锌等）1～2 次。苗木浇水视情况而定，一周无雨必须浇一次水，每次浇水 4～5h，6～7 月高温天气浇水量需加大。

4. 起苗

起苗时间：待苗圃完全落叶（11 月）之后进行起苗，采用机械起苗，注意保护苗木根系。将收获的苗木进行分级、消毒（400 倍 80% 克菌丹或 0.5% 的硫酸铜进行喷洒处理）、入库。

三、技术来源

1. 本技术来源于"多年生园艺作物无性系变异和繁殖的基础与调控"项

---

* 亩为非法定计量单位，1 亩＝667m²。

目（2018YFD1000100）。

2. 本技术由西北农林科技大学完成。

3. 联系人张东，邮箱 *afant@nwafu.edu.cn*。

单位地址：陕西省杨凌示范区邰城路 3 号，邮编 712100。

利用营养平衡防控苹果树腐烂病技术

一、功能用途

苹果树腐烂病为影响我国苹果生产的三大病害之首，是苹果的毁灭性病害。腐烂病在各苹果产区普遍发生，发病轻时引起枝干树皮腐烂和枝条枯死，严重时引起主干大枝以及整树枯死，甚至毁园，造成重大的经济损失，严重影响和制约了我国苹果生产和产业的可持续发展。

传统上，对果树腐烂病的防治一般采取物理方法结合使用化学农药，主要在苹果树发病以后采用外科手术的方法刮除病疤，同时对剪锯口、刮治创伤等农事操作造成的伤口涂药保护。这些方法对减轻腐烂病的危害程度发挥了一定的作用，但由于对苹果腐烂病发病的根本原因不清楚，无法根治病害，病疤复发现象十分普遍，每年春季刮治腐烂病成为常规农事操作，因此，果农把腐烂病称为苹果树的癌症。近期研究发现，因为钾含量过低、氮钾比过高造成的树体营养失衡是导致我国黄土高原区苹果树腐烂病发生与大流行的主要原因。研究证明，树体钾含量过低不仅影响腐烂病的发生，而且影响腐烂病的扩展，当叶钾含量达到 1.3% 时，苹果树对腐烂病抗病性可以达到免疫程度。

我国黄土高原苹果种植区普遍存在树体钾含量偏低的现象，叶钾含量平均不足 1%，同时氮含量普遍偏高，营养失衡导致果树抗性降低。利用营养平衡防控苹果树腐烂病技术采用栽培学方法，通过施肥调整树体营养、提高果树抗病性从而实现控制腐烂病的目的。这一技术从根本上改变了传统的头痛医头脚痛医脚的方法，解决了苹果腐烂病无法根治的难题。

该技术在陕西、甘肃、河南等地大规模推广，控制苹果树腐烂病效果极为显著，果园病株率平均降低 90% 以上。该技术不使用化学农药，绿色环保，符合农业可持续发展、产品提质增效的目标。该技术适合在我国黄土高原区、渤海湾区、黄河古道区等苹果主产区推广应用。

二、技术要点

1. 技术标准

叶钾含量大于等于 1.3%，氮元素含量 1.8%～2.4%，氮钾比小于 2∶1。有条件的果园每年可以进行一次叶营养分析以指导来年施肥，叶片分析采样的时间最好在 7 月中下旬到 8 月上旬。

2．施肥方法

①施用有机肥：在 9 月中下旬施用羊粪 2～3m³，或适量施用含腐殖酸的有机肥。对一些不便在采收前操作的密闭果园应该在采收结束后立即施肥。

②施用化肥：秋季施肥选用氮磷钾复合肥，来年春季主要施用钾肥，施肥量根据果园的产量而定。对于病害发生较轻的果园，建议按每产 1 000kg 苹果施用纯氮肥 8kg、纯钾肥 16kg 计算；对于病害较重的果园，按每产 1 000kg 苹果施用纯氮肥 8kg、纯钾肥 24kg 计算。秋季以复合肥为主，施肥量占总施肥量的 60％左右；春季以钾肥和复合肥为主，用量约占总量的 30％；进入果实膨大期后以施用钾肥为主，不施用或少用氮肥。

③根外追肥：在喷药过程中加入 0.3％磷酸二氢钾或硫酸钾叶面喷雾，共施用 5～6 次。另外，在苹果采收后（10 月下旬至 11 月上旬）喷施 3％磷酸二氢钾或硫酸钾，间隔 1 周后再喷施 1 次。

3．技术要点

①在我国苹果栽培中，过量使用氮肥现象普遍，建议按照标准严格控制氮肥使用量。

②多施用有机肥，促进化肥的吸收与利用。

三、技术来源

1．本技术来源于"主要经济作物重要及新成灾病害绿色综合防控技术"项目（2019YFD1002000）。

2．本技术由西北农林科技大学完成。

3．联系人孙广宇，邮箱 sgy@nwsuaf.edu.cn。

单位地址：陕西省杨凌示范区邰城路 3 号，邮编 712100。

苹果试管苗热处理结合化学
处理脱毒技术

一、功能用途

苹果是我国的主栽果树，在农民增收和脱贫致富中起到了积极作用。苹果病毒病主要随繁殖材料传播，难以采用化学药剂进行有效防控，致使我国苹果病毒病发生普遍，危害严重。目前最有效的防控措施是栽植无病毒苗木。无病毒苗木主要通过物理的、化学的脱毒方法获得，然而传统的热处理、茎尖培养等脱毒方法需时较长、脱毒率较低，导致苹果无病毒原种和种苗培育周期长，不能满足苹果产业发展对优新品种无病毒种苗的迫切需求。为此本研究改进优化了传统的苹果病毒脱除技术体系，建立了"试管苗热处理＋化学处理→茎尖培养→嫩梢嫁接"的脱毒技术模式，苹果病毒的脱除率在80％以上，无毒苗木的生产时间约为12个月。新技术模式的脱毒效率较传统热处理脱毒方法提高30％，此外，嫩梢嫁接技术的利用，省去了生根移栽的时间，极大地提高了无病毒苗木的生产效率，为加速苹果优新品种无病毒原种母本树的培育和种苗生产提供了有力的技术保障。利用本研究建立的高效脱毒技术体系，培育出一系列优新品种的无病毒原种，建立了规范的原种保存圃和母本园。新品种无病毒苗木的推广应用，有效地控制了苹果病毒病的危害，提高了果实的品质和产量，对增加生产者的种植效益具有积极作用，取得了良好的社会效益和经济效益。该成果可应用于所有苹果产区，均有很好的应用前景。

二、技术要点

1. 供试培养基的配制

抗病毒剂（病毒醚）母液的配置：将抗病毒剂（病毒醚）的粉末沉积于瓶底，吸取少量去离子水加入瓶中，不断地吸打使粉末溶解并定容至 $1\,000\mu g/mL$。将溶液用 $0.22\mu m$ 尼龙膜过滤除菌，保存于密封的棕色瓶中，置于4℃备用。基础培养基的配置：将培养基母液（大量元素 100mL，微量元素、维生素、肌醇、甘氨酸和铁盐各 10mL）依次加入烧杯中，再加入 30g 蔗糖用蒸馏水定容至 1L，加入激素 1.0mg/L 6-BA＋0.1mg/L NAA，用 1M 的 NaOH 或 HCl 调 pH 至 5.8。然后加 6g 琼脂粉，加热至完全溶解，分装后经 121℃高温灭菌

20min，备用。含抗病毒剂（病毒醚）培养基的配置：将抗病毒剂（病毒醚）母液加入上述经高温灭菌的培养基中（待培养基冷却至 60～70℃后再加入），使病毒醚的终浓度为 25μg/mL，混匀后置于室温备用。

2. 苹果试管苗的继代培养

苹果试管苗培养 40d 后需进行继代，每次继代切取 1.0～1.5cm 茎尖转到新鲜的基础培养基中，每次继代的离体材料需抽样进行检测，以明确其带毒种类。当试管苗扩繁到所需数量后，选取长势一致的植株进行脱毒处理。

3. 热处理结合化学处理脱毒

将切取的苹果试管苗茎尖（0.8～1cm）移入含抗病毒剂（病毒醚）的培养基中，每瓶 4～5 株，先在室温 25℃下培养 5d，然后移入光照培养箱内，逐渐升温至 36℃（3～4℃/d）。培养箱内每天光照 16h，黑暗 8h，光照强度为 2 000lux。记录植株的生长情况，如此处理 20d 后切取 1mm 主芽和侧芽，移入新鲜的基础扩繁培养基中，记录再生植株的成活率，继代培养 5 次后采用 RT-PCR 技术对再生植株的带毒情况进行检测。

4. 无毒试管苗嫩梢嫁接

将检测无毒的苹果试管苗进行扩繁，挑选比较粗壮的植株，剪取长约 1.0～2.0cm 的顶端茎尖，采用皮下嫁接或劈接方法嫁接到长势良好的无病毒实生砧木或营养系砧木上。嫁接成活后，定期进行病毒检测确保无毒。

三、技术来源

1. 本技术来源于"园艺作物病毒检测及无病毒苗木繁育技术"项目（2019YFD1001800）。

2. 本技术由中国农业科学院果树研究所完成。

3. 联系人胡国君，邮箱 hugj3114@163.com。

单位地址：辽宁省兴城市兴海南街 98 号，邮编 125100。

旱地苹果园垄沟覆膜品质调控技术

一、功能用途

旱地苹果园垄沟覆膜品质调控技术能够在集蓄降雨，保墒抗旱，缓解需水有效的基础上，达到增产提质效果。该技术主要采取在果树行间起垄覆膜集雨，并开挖集雨沟进行蓄水保墒的措施以最大程度利用自然降雨，以满足全年果树的水分需求，进而改善果实品质。与传统办法相比，该技术有利于雨水入渗土壤，提高降雨在土壤中的蓄积程度，使降雨入渗加深，蒸发量减少，降低水分的损失；同时，覆膜可起到抑制土壤水分蒸发的作用，有效提高土壤含水量。另外，起垄覆膜可显著提高土壤积温，具有增温效应。该技术在黄土高原旱地果园应用结果显示，旱地苹果园垄沟覆膜技术在干旱季节可使 0～60cm 土层水分含量较不覆膜果园提高 10.2%～46.9%，秋雨季节可使 0～60cm 土层水分含量较不覆膜果园提高 6.9%～54.5%。旱地苹果园垄沟覆膜品质调控技术能够提高果园优质果率 15% 以上，每亩能够增产苹果近 500kg，增收 1 500 元左右，该技术适用于年有效降水量 500mm 左右的黄土高原苹果产区（甘肃、陕西、山西等）。

二、技术要点

划线：起垄前，首先根据树冠大小和选择的地膜宽度划定起垄线。起垄线与行向平行，用测绳在树盘两侧拉两道直线，与树干的距离小于地膜宽度 5cm，覆膜的果园要求地势平坦，田间土肥水管理精细。

起垄：秋季或初春在树行两侧按照起垄线沿行向树盘起垄。垄面以树干为中线，中间高，两边低起土垄。垄宽 200～240cm、高 15～20cm，起垄时，将测绳外侧集雨沟内和行间的土壤细碎后按要求坡度起垄，垄面起好后，用铁锨细碎土块平整垄面拍实土壤，即可覆膜。

覆膜：垄上沿行向覆膜，垄面土细、平整，地膜紧贴垄面，拉紧、拉直、无皱纹、两侧压实，以防地膜破损降低集雨保墒效果。垄中央两侧地膜边缘以衔接为度，用细土压实，垄两侧地膜边缘埋土约 5cm。

覆膜一般在前一年秋季或当年早春季节进行，材质主要采用黑色塑膜和地布，黑膜能够抑制杂草、延长地膜使用期，土温变幅小，对萌芽开花物候期没有影响。黑色地膜要求质地均匀，膜面光亮，揉弹性强，耐老化性好，厚度在

0.08mm 以上，宽度应是树冠最大枝展的 70%～80%，对抑制杂草、蓄水、保墒、早春提升地温等效果明显。地膜沿树体两侧平铺用土压实两边，同时每隔 1～2m 在膜面用土横压一道，防止被风卷起，铺完后膜面要求平整。果园覆膜树体与膜要相隔 2～3cm，以防夏季灼伤根茎表皮。

挖集雨沟：地膜覆好后，在垄面两侧距离地膜边缘 3cm 处沿行向开挖修整宽、深各 15～20cm 的集雨沟，要求沟底平直，便于雨水分布均匀。园内地势不平、集雨沟较长时，可每隔 2～3 株间距在集雨沟内用土修一横档。为了提高集雨效果，减少土壤蒸发，在集雨沟内覆盖麦草或玉米秆等作物秸秆，以便施肥和保墒。

施肥：在集雨沟内行施或穴施果树专用肥料 130kg/亩，并配施微生物菌肥 20kg/亩。

覆膜后的管理：在田间作业时穿平底鞋，疏花疏果、套袋和果实采收时梯子底部用废旧鞋底绑扎，以防刺破膜面，减少使用寿命；及时修补破损，如果膜面上发现破洞，立即用细土封闭压实，否则被大风灌入容易撕破地膜，特别在塬面风大的果园更应随时检查膜面。及时回收废旧塑膜，淘汰后的塑料膜应该交售到回收网点，严禁焚烧、填埋，甚至直接丢弃。

三、技术来源

1. 本技术来源于"果树果实品质形成与调控"项目（2018YFD1000200）。

2. 本技术由山东农业大学、浙江大学、甘肃农业大学完成。

3. 联系人陈佰鸿，邮箱 bhch@gsau.edu.cn。

单位地址：甘肃省兰州市安宁区营门村 1 号，邮编 730070。

苹果矮砧现代高效栽培技术模式

一、功能用途

该技术是一种不同于传统苹果乔化栽培技术的苹果矮砧现代高效栽培技术模式。该技术措施体系包括：应用适宜本区域的苹果品种和矮化自根砧木矮化苗木；采用针对本区域优化的苹果建园技术、苹果轻简化整形技术、苹果园肥水一体化高效利用技术、苹果园省力化花果管理技术和配套果园机械。与传统办法相比，该技术模式具有果树树体矮化、果园早果优质丰产高效、适宜机械化集约化、节省人工的特点。该技术模式解决了华北地区苹果生产中挂果晚、品质差、费人工、效益低、不适宜进行机械化和集约化管理的问题，并为目前华北地区苹果园由乔化模式改造升级提供了适宜的模式选择。

应用该技术模式可实现矮砧苹果园早果丰产，第 2 年开花结果，5 年进入盛果期，亩产量 3 300kg，比传统提早结果 2 年以上，产量效益提高 30% 以上，人工成本降低 40% 以上。该技术成果经同行专家评价达到国际先进、国内领先水平，对丰富我国果树品种和砧木资源、推动我国苹果品种更新、栽培方式变革、产业水平提升和果农增收等起到了示范引领作用。

适宜的区域范围：以北京、河北为主的华北地区。

二、技术要点

1. 在春季苗木萌芽前，选择本区域适宜的苹果品种和矮化自根砧木最佳组合的矮化苗木建园，适宜的砧穗组合包括：SH6 或 G 系矮化自根砧木，嫁接品种包括早熟品种"大卫嘎拉""蜜思"，中熟品种"秋映""信浓金""绯脆""静香"，晚熟品种"宫藤富士"。

2. 苹果萌芽至盛花期前采用高质量带分枝苗木建园，苗木高度 1.6m 以上，合理分枝 8～12 个；采用高垄定植法，垄宽 1.5～2.0m，高 25～30cm，苗木顺行定植，株行距保持 (1.0～1.5) m×(3.5～4.0) m。使用机械起垄，垄上机械开沟，沟宽 40cm 左右，沟深 20～30cm，沟内施充分腐熟的有机肥（亩施 1～2t），用施肥搅拌机将施入的有机肥与土充分搅拌均匀后定植苗木。定植后及时设立支架、防冻喷淋系统和防雹网。

3. 采用高纺锤形为目标树形，培育高光效树形，树高 3.2～3.5m，主枝 25～35 个，主枝长度 60～90cm、角度 110°～130°；树体覆盖率 60%～75%，总枝量（50×104）～（80×104）条/hm²，优质短枝比例稳定在30％～35％，大于30cm的长枝比为5％～10％。在定植后萌芽前、新梢迅长期、秋梢旺长期采用6-BA等化学分枝剂促进苗木分枝和分枝开张角度，控制枝条旺长，促进发生短枝，减少人工用量和劳动强度，实现轻简化树形管理。

4.苹果苗木定植行的垄面配置，用黑色园艺地布覆盖、布下单行双管交替滴灌、灌溉施肥等设施，实施土壤全年防草、涝排旱灌、交替灌溉、节水灌溉、滴灌施肥等苹果园土肥水一体化高效利用技术。

5.在苹果中心花和第2朵花授粉后采用喷水20min（亩喷水量390L/h）物理疏花；当果实生长到直径0.8cm且数量满足产量需求时，喷2.0～2.5g/L西维因疏果1次；果实生长到直径1.2cm且数量满足产量需求时，再喷第2次进行化学疏果。配套果树开沟起垄机、施肥搅拌机、后悬挂式割草机、风送式弥雾喷药机、果园作业平台等果园施肥、病虫草防治和树体管理的国产机械，实现轻简化、省力化、机械化管理。

三、技术来源

1.本技术来源于"果树优质丰产的生理基础与调控"项目（2019YFD1000100）。

2.本技术由北京市林业果树科学研究院完成。

3.联系人张军科，邮箱zhang7098900@163.com。

单位地址：北京市海淀区香山瑞王坟甲12号，邮编100093。

促进苹果、葡萄果实提早成熟的方法

一、功能用途

目前苹果、葡萄产业中大部分果实集中成熟、集中上市，造成果实同期竞争程度过于激烈，产品价格较为低廉，果农收益差，制约了产业的发展。因此，调控果实成熟期，拉开水果上市时间是一个亟待解决的问题。针对苹果、葡萄产业出现的问题，本项目开发了促进苹果、葡萄果实提早成熟的方法。

利用化学性质稳定的类生长素物质萘乙酸（NAA）处理果实，提前果实的成熟时间，与传统的乙烯利处理的方法相比此方法效果更为理想，在操作方法、果实品质、安全性、成熟期及降低成本等方面均有一定优势。对于果实本身，其大小、果皮颜色、可溶性固形物含量等与正常成熟的苹果果实相当，贮藏性没有显著差异；安全性方面，NAA 是一种化学性质稳定的小分子物质，不具有挥发性，附着于果实表面后易被果实吸收，因此能够长时间持续地发挥作用；成熟期方面，NAA 在苹果盛花期 95d 后就可以开始进行处理，大大提前了果实的成熟期及上市日期；经费投入方面，传统方法利用乙烯利单次处理的成本约为 15 元，由于一般需要先后进行 2 次处理，因此最终的成本约为 30 元，而 NAA 单次成本仅为 0.3 元（按照施用的最大浓度计算），且只需要进行一次处理，所以本方法的成本仅为传统方法的百分之一，极大地降低了生产成本及人力成本。该方法适用于所有品种苹果。

在葡萄中利用化学试剂（核黄素或 H_2O_2）及树体调控技术促进葡萄提前成熟的生产技术，已被广泛运用于葡萄生产过程中，可使葡萄分批成熟、分批采摘，避免葡萄集中上市，延长了葡萄上市的时间，提升了葡萄市场价格。以往通过树体调控技术、喷施化学药剂（多效唑、促生灵）以及植物生长调节剂（赤霉素、乙烯利、脱落酸）的方法均存在不同的缺点，如效果不显著、轻微毒性、大小果、畸形果、落果或剂量难以掌控等。利用核黄素和 H_2O_2 处理葡萄果实效果好而且安全，处理后对果实没有伤害，而且核黄素和 H_2O_2 见光易分解，不会在果实内残留，只是在果实生长发育过程中起到调控果实发育从而促进果实提早成熟的作用，是一种简便、高效、安全、成本低和环境友好的促进葡萄果实提早成熟的方法。该方法已在"巨峰"葡萄中完成验证，其他品种需要针对性调整施用时间。

二、技术要点

1. 萘乙酸（NAA）提早苹果成熟的方法

①试剂配制：称取 0.19g NAA 粉末于烧杯中，缓慢加入 200mL 乙醇，搅拌至全部溶解，后于容量瓶中用蒸馏水定容至 1L，获得 100mM/L 的 NAA 母液。喷洒时按照 1∶50～1∶100 的比例稀释使用。

②喷施方法：苹果开花后 95～150d（应不早于花后 95d），根据生产计划的需求，选择一天天气晴朗阳光不是特别强烈的上午（8∶00—11∶00）或下午（4∶00—6∶00），将 NAA 配置成工作液后（施用浓度为 1～3mM/L，最大不可超过 4mM/L）均匀喷洒于树体上的苹果果实上，待风干后再喷洒一遍，风干。喷洒过程中避免在同一区域停留过久，防止在果实上产生过大水珠，造成阳光灼伤。喷洒时尽量只喷果实。喷施后的第 30d 果实即可达到成熟状态，可以正常采收。

2. 活性氧促进葡萄果实提早成熟的方法

①所需试剂：0.5mM/L 的核黄素、300mM/L 的过氧化氢（H_2O_2）。

②使用方法：用 0.5mM/L 的核黄素或者 300mM/L 的过氧化氢（H_2O_2）在"巨峰"葡萄花后 20～30d 左右（葡萄生长至果粒紧凑时），喷施或者浸蘸能够促进"巨峰"提早成熟 20d 左右。其他葡萄品种需要针对性调整施用时间。

三、技术来源

1. 本技术来源于"多年生园艺作物无性系变异和繁殖的基础与调控"项目（2018YFD1000100）。

2. 本技术由沈阳农业大学、河南科技大学完成。

3. 联系人王爱德，邮箱 awang@syau.edu.cn。

单位地址：辽宁省沈阳市沈河区东陵路 120 号，邮编 110161。

苹果新品种"瑞阳""瑞雪" 优质高效建园技术

一、功能用途

苹果新品种"瑞阳",是一个很有发展前途的晚熟红色鲜食苹果优良品种。苹果新品种"瑞雪",是一个很有发展前景的黄色苹果新品种。

这两个苹果新品种,特色明显,都是具有我国自主知识产权的优良品种,适宜栽培区为黄土高原苹果产区。其推广应用对解决我国苹果主栽品种、熟期结构单一,促进产区差异化发展、提高市场竞争力具有重要的促进作用,能提高果农经济效益20%以上。

该技术应用于苹果新品种"瑞阳""瑞雪"的高效建园,适用于黄土高原苹果产区。

二、技术要点

①"瑞阳"是以"秦冠"为母本,以"富士"为父本,通过常规杂交获得的晚熟红色苹果优良新品种。果实个大,果面着鲜红色,色泽艳丽,果面光洁;果肉较细,酸甜适口,香气浓;可溶性固形物含量16.0%,硬度7.2kg/cm²,耐贮藏。

②"瑞雪"是以"秦富1号"为母本,"粉红女士"为父本通过杂交选育的具有自主知识产权的晚熟黄色苹果新品种。果实个大,果形端正、高桩;肉质细脆,酸甜适口,果实10月中下旬成熟,可溶性固形物含量16.0%,硬度8.84kg/cm²,耐贮藏。

③采用矮化建园技术,选用脱毒健壮苗或带分枝大苗,矮化中间砧株行距(3.5~4.0)m×(1.3~1.5)m,矮化自根砧建园株行距(3.5~3.8)m×(1.0~1.3)m,建园时配置授粉品种,主栽品种与授粉品种比例为(3~5):1,栽植专用授粉品种,主栽品种与专用授粉品种比例按(10~15):1配置。在先前挖好定植沟的基础上,春季在栽植沟内挖30cm见方的定植穴,将苗木放入穴中央,舒展根系,扶正苗木,纵横成行,边填土边提苗、填土踏实。栽植时要特别注意矮化砧的入土深度。要求矮化砧露出地面5~12cm,起垄栽植时,栽植深度可根据起垄的高度进行相应的调整。栽后立即灌水,浇透后树盘

覆盖黑色地膜或园艺地布覆盖保墒，提高地温。不带分枝大苗，春栽苗定植后立即定干，定干高度 1～1.2m；定干后剪口涂抹保护剂，在苗干距地面 70cm 以上处，每隔 2～3 个芽刻一个芽，一直到 80～100cm 处。如果栽植带分枝大苗，建园时不定干，也不套塑料膜袋。秋栽苗，寒冷地区，采取套塑料膜袋等措施防寒保护，翌年春季萌芽前再定干。带分枝大苗，适宜春栽，不定干，距地面 70cm 以下全部去除，70cm 以上，主干上分枝粗度大于着生部位 1/3 或长度大于 80cm 的分枝重短截，主干无分枝处，每隔 2～3 个芽刻一个芽，促进侧枝萌生。

三、技术来源

1. 本技术来源于"果树优质高效品种筛选及配套栽培技术"项目（2019YFD1001400）。

2. 本技术由西北农林科技大学完成。

3. 联系人王雷存，邮箱 wanglc0326@163.com。

单位地址：陕西省杨凌示范区邰城路 3 号，邮编 712100。

柑橘苗木脱毒技术

一、功能用途

本成果属于植保和栽培技术交叉领域，是运用植保手段将感染了病毒类病害的柑橘品种进行脱毒，进一步运用栽培方法将获得的柑橘无病毒品种进行扩繁。采用的脉冲式变温脱毒技术相较于传统热处理脱毒技术在热处理温度控制上有创新，依据需脱除的病毒在特定柑橘植株上繁殖活性情况进行温度设置，对热处理温度的控制更为精准，植株萌发无毒嫩芽茎尖的数量更大，具有更高的脱毒效率，对多数品种（除部分不耐热柚、杂柑和金柑等品种外）进行大部分病害（除碎叶病等外）的脱毒时间一般在 1 年以内，能够更好满足生产者对新推广柑橘品种快速脱毒的需要。目前运用该技术已获得"明日见""大雅""长叶香橙""青秋脐橙""金秋砂糖橘""无核沃柑""沃柑""由良""甘平""爱媛 38 号""隆回红""赣南早""宁都纽荷尔""砂糖橘""贡柑""W·默科特""晚棱脐橙""红肉脐橙""塔罗科新系""蓬安晚脐""鸡尾葡萄柚""红肉蜜柚""三红柚""尤力克柠檬""资阳香橙""旺苍大叶""无黄环枳"等柑橘主推品种的无病毒原种，脱毒品种园艺性状及生产性能明显优于普通苗木。在我所已建立柑橘无病毒苗木生产基地，可以为全国柑橘产区提供无病毒种源，进行引种扩繁和示范推广。

二、技术要点

第一步，运用分子快速检测技术、血清学方法、高通量测序分析技术或指示植物鉴定方法对需要脱毒的柑橘品种原材料进行病毒类病原检测与鉴定，明确感染病害类型；第二步，根据检测鉴定明确的感染病害类型和柑橘品种类别，有针对性地选择利用茎尖（0.15～0.18mm）嫁接或脉冲式变温脱毒处理（25～40℃或 30～40℃或 30～35℃各 4h 循环处理 1 月以上）＋茎尖嫁接的方法进行病毒类病原的脱除，在试管中培育经过脱毒处理的茎尖嫁接苗；第三步，运用微量核酸模板制备技术和分子快速检测技术对初步脱毒的柑橘品种试管茎尖苗进行病害的再检测，初步确认试管茎尖苗脱毒是否成功，淘汰脱毒失败的茎尖苗；第四步，将初步确认脱毒成功的试管茎尖苗再嫁接于无毒砧木上，在保护设施中培育成苗后再次进行病原的检测与鉴定，确认获得的脱毒种源不感染柑橘黄龙病、溃疡病、碎叶病、裂皮病、衰退病、鳞皮病、温州蜜柑萎缩病、黄脉病、花叶病、褪绿矮化病、叶斑病等病原；第五步，将获得的无病毒种源保存到柑橘无病毒原种库中，在无病毒母本园中进行园艺性状观察，确认性状无误，可选择释放到无病毒展示园进行品种对外展示；第六步，按照行业规范进行无毒种苗的扩繁，枝剪和嫁接刀等工具经过1%次氯酸钠消毒液处理刀口后使用，每次更换品种或脱毒单株后均再次消毒工具。从可靠砧木园获取无病毒砧木，在温室或网室中繁育建立无病毒一级采穗圃，进一步运用营养土容器育苗技术扩繁建立无病毒苗圃，进行无病毒品种示范和推广。

三、技术来源

1. 本技术来源于"园艺作物病毒检测及无病毒苗木繁育技术"项目（2019YFD1001800）。

2. 本技术由西南大学完成。

3. 联系人杨方云，邮箱 yfangyun@cric.cn。

单位地址：重庆市北碚区歇马镇柑橘村 15 号，邮编 400712。

柑橘春季优质抗逆栽培管理技术

一、功能用途

该成果明确了春季柑橘果园管理的技术思路，创新集成以"抗逆、调肥、精管"为核心、以"简化修剪、控氮补有机肥专用肥、生草覆盖制度"为关键的柑橘优质抗逆栽培技术体系。与传统技术相比，该方法既能减少柑橘春季管理的盲目作业，又能有效避免春季霜冻、寒流和大风等不良自然灾害的影响，为实现"低产变高产，高产更高产，逆境能稳产"的目标奠定基础，该技术特别适合我国长江流域以南的春季果园管理。

二、技术要点

1. 简化修剪技术

适时适度修剪，优化树体结构，调密度和高度，增强树体持续结果能力，减少大小年现象及增强品种抗性。具体操作为：2月中下旬开始春季修剪，主要是疏除树冠中上部的直立大枝为主，将树冠高度降低到2.5～3.0m，同时要控制树与树交叉过多；建议疏除树冠基部80cm以下的小枝条、低垂枝。幼树以轻剪为主，适当短截疏枝；初结果树以结合整形修剪为主，主要是回缩衰退枝组；成年树采用枝组轮换压缩修剪方式，形成强壮的结果枝组，不宜在树冠中上部大量短截，以免造成春夏梢旺长，影响开花结果。

2. 合理营养补充技术

正确地按需求补充营养，促进开花结果。具体操作为：上一年冬季采果没有施还阳肥的果园，应在2月底至3月上旬补施，建议每株结果树追施生物有机肥2～2.5kg，柑橘专用复合肥0.5～1.0kg。土壤酸化果园可以同时施入钙镁磷肥或者生石灰0.5～1.0kg/株。施肥时以在行间旋耕或开沟施肥为好，旋耕宽度应不超过1m。春季施肥不宜大量施用氮肥，也不要过量施肥，以免造成新梢旺长。施肥后若出现长期干旱，应适时补水，促进肥料转化利用。萌芽肥在春芽萌发前10～15d施，以速效氮肥为主，配施磷肥。在土壤施肥的基础上，适当补充喷施叶面肥并可多次喷施。从3月上旬开始每10d左右喷一次多元素（主要是硼、钼、锌等微量元素）叶面肥料，连续2～3次，提高花芽质量。

3. 生态种植技术

生草是指在柑橘树行间或株间种植一定量的豆科植物、禾本科植物、牧草，或让其自然生草，并采取施肥、灌水等管理措施，等草长至 30cm 时，分期刈割，然后晒至半干，再掩埋在树盘下。实行果园生草，可以改善果园环境，增强果园保水保墒能力，和抗旱能力。春季果园内应进行自然生草或人工种草，改善果园环境，提高土壤碳汇和有机质含量。严禁在果园使用除草剂。

三、技术来源

1. 本技术来源于"果树抗性机制与调控"项目（2018YFD1000300）。

2. 本技术由华中农业大学完成。

3. 联系人刘继红，邮箱 liujihong@mail.hzau.edu.cn。

单位地址：湖北省武汉市洪山区狮子山街 1 号，邮编 430070。

柑橘大实蝇区域性综合防治技术

一、功能用途

该技术是基于监测与测报、统防统治、联防联治的区域防治（the Area-wide Pest Management，APM）策略，以捡拾、采摘虫果和虫果无害化处理等农业防治为基础，以新型高效成虫诱杀技术为核心的柑橘大实蝇绿色综合防治技术。与传统的糖醋液诱杀和化学防治技术相比，本技术有新型、高效、实用性强，对生态环境友好、人畜安全等高效绿色方面的创新优势。该技术不仅可以绿色高效防控柑橘大实蝇，而且能减少化学农药使用，提高柑橘产量、质量和橘农收入。

成果适用于柑橘产区的柑橘毁灭危害性害虫柑橘大实蝇的防控。

二、技术要点

技术主要以捡拾、采摘虫果，虫果无害化处理为基础，采用性饵剂、食诱剂、仿生引诱球以及理化一体化杀虫灯诱杀成虫为核心进行柑橘大实蝇绿色综合防治。具体方法如下：

1. 加强虫情监测与管理，减低虫源

加强科普教育，发现蛆果时要及时灭虫，不要将蛆果扔到路旁或溪河里；加强对柑橘交易场所的监督管理，场地要硬化，建立废果处理池，将废果及时入池进行灭虫处理。

2. 果园清洁，虫果无害化处理

在受害果园里，落果期应及时、彻底捡拾、采摘虫果，并进行虫果无害化处理，切忌随意丢弃蛆柑。

时间：8月中下旬至11月下旬，落果初期：1次/3d；落果盛期至末期：1次/d。及时摘除树上有虫青果和过熟果实，捡拾落地果进行集中处理。处理方法因地制宜地采取下列几项措施：

袋闷：把蛆柑装进塑料密封袋（必要时可加少量农药如磷化铝片）后，扎紧袋口闷杀果内幼虫；

深埋（>50cm）：集中在坑内一层虫果一层石灰闷杀处理；

倒入沤肥水池长期浸泡或7 500倍50%灭蝇胺可湿性粉剂药液浸泡2d。

3. 成虫诱杀

成虫羽化觅食期（5月至6月上中旬）、成虫交配产卵期（6月中下旬后），采用食物饵剂、性诱剂，仿生引诱球，理化一体化杀虫灯。

①5月初即开始监测和诱杀：诱剂诱捕器悬挂于橘园行间，10个/1.5亩，悬挂高度1～1.5m；仿生引诱球20～40个/亩；每3d检查1次诱杀效果，及时清除虫尸；悬挂理化一体化杀虫灯监测、诱杀，1盏/20亩。

②成虫始盛期（一般在5月底6月初）以橘园与杂树林交界区域为诱杀重点；成虫交配产卵盛期（6月中下旬后）则以橘园内为重点。

4. 严重受害果园化学防治

对管理不善、危害严重、虫口密度大的果园，进行橘园施药封杀防治，以减少区域内虫源。即在成虫羽化、产卵盛期可通过条施、点喷施药防治。药剂可选阿维菌素、10％氯氰菊酯乳油、80％敌敌畏乳油等高效低毒农药加3％红糖水或糖蜜的毒饵。注意农药安全间隔期前停药。

5. 其他措施——冬春耕灭蛹

在劳动力允许情况下，冬季冰冻前，结合橘园管理，清除枯枝、落叶、落果，带出园外集中烧毁。冬、春季浅翻园土7～10cm，改变蛹的位置，有利于疏松土壤保温保湿，又有利于灭蛹，使之暴露地表不适生存而死亡或被鸟等天敌捕食。

严重受害果园，化蛹和羽化高峰期可以地面喷药防治。

三、技术来源

1. 本技术来源于"主要经济作物重要及新成灾虫害绿色综合防控关键技术"项目（2019YFD1002100）。

2. 本技术由华中农业大学完成。

3. 联系人张宏宇，邮箱 hongyu. zhang@mail. hzau. edu. cn。

单位地址：湖北省武汉市洪山区狮子山街1号，邮编430070。

梨茎尖培养脱除病毒技术

一、功能用途

我国栽培梨普遍潜带有苹果褪绿叶斑病毒（ACLSV）、苹果茎痘病毒（ASPV）和苹果茎沟病毒（ASGV），目前最有效的防控办法是栽培无病毒苗木。近些年来本项目系统研究建立了梨的茎尖（0.5～1.0mm）培养结合变温（34～42℃）热处理的方法，可有效脱除梨的这三种病毒，目前已获得"翠冠""圆黄""黄冠""红茄梨""早酥"等18个梨主栽品种的无病毒原种。已为山东、湖北等主产区繁育梨无病毒苗木提供了无病毒原种及病毒快速检测技术支撑。示范栽培结果表明，梨无病毒苗木的园艺性状及生产性能明显优于带病毒苗木。本技术克服了单独利用热处理或者单独利用茎尖培养的方法对梨病毒的脱除效率低的问题。

在全国梨产区均可推广应用。

二、技术要点

切取约0.7cm长的新梢接种于MS培养基中，在25℃下培养2d（16h光照/d），然后移入光照培养箱中，经34℃预处理4d后，分别采用以下三种方法进行热处理。

①恒温热处理：经预处理的离体植株在37℃下进行热处理；

②32～38℃变温处理：32℃和38℃交替处理8h和16h；

③34～42℃变温处理：34℃与42℃交替各处理8h和16h。以上各处理的最长周期分别为35d、50d和60d，自第25d开始每间隔5d取出部分植株，切取5mm、2mm、1mm、0.5mm大小茎尖接种至MS培养基上，在常温（25℃）下培养获得再生植株并继代培养2～3次后采用PAS-ELISA和斑点杂交方法进行病毒检测。确认不带病毒后进行诱导生根、移栽或直接嫩梢嫁接在实生砧木上，培育成无病毒原种。

结果表明：37℃恒温处理35d后取1mm茎尖所获再生植株均未脱除3种病毒；32～38℃变温处理至50d未获得脱病毒植株；34～42℃变温处理45d取0.5mm茎尖可脱除ACLSV，而未能脱除ASGV和ASPV，至50d取1mm茎尖仅脱除ACLSV，取0.5mm茎尖则可以完全脱除3种病毒，处理周期为55d以上无论取0.5mm或1mm茎尖均能有效脱除3种病毒。

在对茎尖培养植株进行的三种热处理方法中，恒温热处理至第 15d 时即有植株死亡，至第 35d，植株死亡率高达 85.9%。变温热处理对植株生长的影响较小，其中在低温度（32~38℃）下变温处理较高温（34~42℃）下处理的影响更小，在 32~38℃ 下处理至 25d 仅少数植株死亡，以后逐渐增加，至第 50d 死亡率为 31.3%；在 34~42℃ 下处理，至第 25d 时开始有植株死亡，至第 35d 时死亡率明显增加，至 50d 死亡率为 43.2%，第 60d 时死亡率达 55.7%。

三、技术来源

1. 本技术来源于"园艺作物病毒检测及无病毒苗木繁育技术"项目（2019YFD1001800）。

2. 本技术由华中农业大学完成。

3. 联系人王国平，邮箱 gpwang@mail.hzau.edu.cn。

单位地址：湖北省武汉市洪山区狮子山街 1 号，邮编 430070。

一种诱导梨单性结实的方法

一、功能用途

梨树天然异花授粉，且配子体自交不亲和，因此，很多产区采用配置授粉树或授粉枝、结合人工辅助授粉方式来保证坐果率。但人工辅助授粉费时费力，随着近年来农村劳动力的减少、人工费用的增加，加大了果实生产成本。利用生长调节剂诱导果实单性结实，可以绕开授粉受精，减少生产成本，提高坐果率，且该方法适用于全国梨产区及低温受灾地区。

此外由于梨树开花较早，花期经常遭受霜冻的危害而不能正常受精结实，造成减产，甚至绝收，近年来的全球气候的急剧变化加剧了这一现象。由于花器各部分的抗冻能力不同，雌蕊抗冻能力最差，特别是柱头较子房更易受冻。在部分花朵柱头受冻坏死而子房尚活的情况下，人工诱导单性结实可获得部分商品果，减轻灾害损失。

本技术利用赤霉素与生长素处理梨花子房，诱导梨单性结实，可获得果实外形较好，可食率高，且核小、无籽、果心较小，风味更优，丰产性能好的单性结实果实，既可作为人工授粉的替代技术，也可作为花期霜冻灾后的补救措施。

二、技术要点

本技术利用单性结实诱导剂（主要成分为赤霉素和生长素）散布于梨花子房，在自然栽培条件下可诱导梨果的单性结实，方法简单，效果明显，主要方法如下：

1. 配制单性结实诱导剂

100mg/L GA4＋7：将赤霉素 GA4＋7 溶解于 95％乙醇配成 1mg/mL 的母液，再用水稀释至 100mg/L。添加吐温－20 至终浓度为 0.02％（体积百分比）。

100mg/L GA3：将赤霉素 GA3 溶解于 95％乙醇配成 1mg/mL 的母液，再用水稀释至 100mg/L。添加吐温－20 至终浓度为 0.02％（体积百分比）。

50mg/L GA4＋7＋20mg/L NAA：将赤霉素 GA4＋7 溶解于 95％乙醇配成 1mg/mL 的母液，同时将 NAA 溶解于 1N KOH，配制 1mg/mL 的母液。按 5：1 体积混合母液稀释至 50mg/L GA4＋7＋20mg/L NAA。添加吐温－20

至终浓度为 0.02%（体积百分比）。

2. 诱导剂处理

①作为授粉替代技术，可在盛花期前 2～4d 向即将开放的花蕾的花托部位喷施诱导剂，直至有液体悬滴为止。

②作为花期霜冻的补救措施，待灾后温度回升后，及时向花托部位喷施诱导剂，直至有液体悬滴为止。

3. 定期观察梨花托位置的膨大情况

若处理不成功，在处理 2～3 周后会看到落果现象；若处理成功，可在 10～15d 后观察到花托的膨大，且不会出现落果现象。前期试验结果显示，三种单性结实诱导剂处理后，花朵坐果率均可达到 80% 左右，远高于人工授粉对照（50% 左右）；花序坐果率均达到 93% 以上，显著高于人工授粉对照；几个诱导剂处理后的花朵坐果率和花序坐果率无显著差异。

4. 盛花后 28d 左右进行疏果

按照常规疏果操作进行，同时，在所留果果柄处均匀涂抹 2.7% GA4＋7 软膏。

5. 树体和果实管理过程按常规栽培措施进行，至成熟期采收

所获得的单性结实果实硬度较低；果心长度、果心宽度均显著小于授粉果实且果肉宽度显著大于授粉果实，可食用部分较多；可溶性固形物含量显著高于授粉果实。

6. 该技术的注意点

①三种诱导剂均可诱导单性结实率超过 80%，但诱导剂 100mg/L GA4＋7 所得果实存在萼片宿存现象，成熟果实果形指数较高。其余两种诱导剂能在一定程度上缓解这一现象。

②本技术作为霜冻灾后补救措施，成功与否与子房的状态密切相关。虽然子房对低温的抗性强于花柱，但若温度过低导致子房受损，则不适用于本技术。

③本技术应与其他霜冻灾后补救措施（强化人工授粉、喷施叶面肥等）结合使用。

三、技术来源

1. 本技术来源于"多年生园艺作物无性系变异和繁殖的基础与调控"项目（2018YFD1000100）。

2. 本技术由浙江大学完成。

3. 联系人滕元文，邮箱 ywteng@zju.edu.cn。

单位地址：浙江省杭州市西湖区余杭塘路 866 号，邮编 310058。

梨树高效授粉技术

一、功能用途

梨树天然异花授粉，且配子体自交不亲和，因此，梨树必须异花授粉才能结果，很多梨产区采用配置授粉树或授粉枝，结合授粉器喷粉或人工点粉等辅助授粉方式来保证坐果率。但授粉器喷粉及人工辅助授粉操作费工低效，近年来人工费用的增加，且花期集中用工与农村劳动力减少所造成劳动力短缺的矛盾日趋突出，均加大了果实生产成本，故急需一种省力高效的授粉方法替代原有辅助授粉方式。

基于黄单胞杆菌产生的细胞外酸性杂多糖（黄原胶）增黏性、悬浮性好及安全的特点，研究了梨花粉在黄原胶溶液中的沉降系数，确定了梨花粉稳定悬浮的黄原胶浓度；结合原生质体内外渗透压平衡的原理，阐明了碳水化合物及矿质元素等添加物与花粉活力的关系，研发出梨花粉营养液配方，发明了"一种节本增效的梨树液体授粉方法"，解决了花粉胀裂死亡，花粉不能均匀悬浮于溶液、堵塞喷头、喷粉不均等一系列技术难题。该方法操作简单、喷粉均匀，工效高，每亩梨树授粉时间仅需 0.5h，比传统授粉方法节省用工 90% 以上；同时，每亩可节省花粉用量 10g 左右，节本增效显著，改变了传统授粉方法低效高投入的局面，有效推动梨产业技术升级。该梨树高效授粉技术适用范围广，适用于全国各省市梨产区。

二、技术要点

1. 材料与设备

①原材料：白糖、硝酸钙（化学式：$Ca(NO_3)_2 \cdot 4H_2O$，有效物质含量不少于 99.0%）、硼酸（化学式：H_3BO_3，有效物质含量不少于 99.5%）、黄原胶（有效物质含量不少于 99.5%）、水、花粉等。

②设备：天平或电子秤、煤气灶或土灶、锅、漏勺、滤网、一次性水杯或玻璃杯、50～200kg 的液体容器、可密封容器（如矿泉水瓶）、手动或电动喷雾器等。

2. 溶液配置方法

①称取 5kg 的水烧开。

②称取 20g 黄原胶，置于上述开水中充分溶解。

③将充分溶解后的黄原胶进行充分过滤，去除其中的杂质，将过滤后的黄原胶倒入 50～200kg 的液体容器中，静置待冷却。

④另称取 25kg 水加热，加入 13kg 白糖使其充分溶解，待充分溶解后将白糖溶解液倒入③步骤中装有溶解黄原胶溶液的 50～200kg 的液体容器中，充分搅拌均匀。

⑤称取 10g 硼酸和 50g 硝酸钙，加入少量水，用一次性水杯或玻璃杯分别溶解，并加入④步骤中装有混合液的 50～200kg 的液体容器中，充分搅拌均匀。

⑥另称取 70kg 水加入⑤步骤中装有混合液的 50～200kg 的液体容器中，充分搅拌均匀，配制成营养液。

⑦取少量配置好的营养液至可密封容器（如矿泉水瓶）中，加入 40～80g 梨花花粉，拧紧瓶盖，充分摇匀，使花粉均匀地分散在营养液中，将混合有花粉的营养液倒回⑥步骤中装有营养液的 50～200kg 的液体容器中，充分搅拌、混匀，配置成花粉与营养液混合液。

⑧尽快将花粉与营养液混合液装入手动或电动喷雾器中进行田间喷施。

3. 田间喷施

使用手动或电动喷雾器进行田间喷施，喷施时间一般选择在天气晴朗的上午，喷施量按照每亩约 10kg 花粉与营养液混合液，即每亩约 5～8g 花粉的标准进行。

三、技术来源

1. 本技术来源于"多年生园艺作物无性系变异和繁殖的基础与调控"项目（2018YFD1000100）。

2. 本技术由南京农业大学完成。

3. 联系人张绍铃，邮箱 nnzsl@njau.edu.cn。

单位地址：江苏省南京市玄武区卫岗 1 号，邮编 210095。

灌溉梨园肥水高效利用技术

一、功能用途

该技术主要针对我国北方地区具备灌溉条件的梨园存在的土壤基础条件差、养分投入量大，以及自然降水与果树需水时期不协调、灌水量与灌水方式不科学等养分与水分管理问题，本项目研究、建立的土壤局部改良、起垄覆盖地布、膜下肥水一体化等技术为一体的肥水高效利用技术。该技术应用后在梨产量不降低的情况下，节水可达 30％以上，肥料利用率提高 10％以上，提质增效效果明显。

该技术适用于我国北方梨产区。

二、技术要点

1. 肥料用量及施用时期

建议氮（N，纯量）、磷（P_2O_5，纯量）、钾（K_2O，纯量）为目标产量的80％。有机肥在秋季梨采收至落叶前施行，有机肥每亩用量 1t 以上。无机肥分三次施用：第一次在施用有机肥时，氮、磷、钾用量分别占全年施用总量的40％、90％和 40％；第二次在果实迅速生长期前进行追肥，氮、磷、钾用量分别占全年施用总量的 40％、10％和 40％；第三次在果实膨大生长期进行追肥，氮、磷、钾用量占全年施用总量的 20％、0％和 20％，辅以微量元素叶面追肥。

2. 土壤局部改良

在外围延长枝垂直下方内侧 30～40cm 顺行向开宽 40cm、深 40cm 左右的施肥沟或挖 2～4 个长、宽、深各 40cm 左右的坑，每亩施用腐熟有机肥 1t 以上；将腐熟的有机肥料与上层土壤充分混合均匀，根据目标产量加入无机肥料（氮、磷、钾肥）。

3. 起垄覆盖地布

行内起垄，高度 15～20cm，达到行间低、行内高的形状。选用园艺地布于早春覆盖，覆盖宽度根据行距的大小，一般每边 1.0～1.5m。起垄覆盖的作用是早春提高地温，促进根系提早活动；控制树行内杂草生长；春季保持土壤水分，夏季雨水过多时方便排出，达到控制树体新梢生长、提高产量、增加品质的作用。

4. 肥水一体化系统

果园肥水一体化系统通常由水源工程、控制枢纽工程、输水管道及灌水器等部分组成。

水源工程通常指供水工程所取用的地表水或地下水水体。地表水源通常又分为加压与自流水源，地下水水源一般指通过水泵将井水抽送至地表，然后通过管网或渠系向田间输送。

控制枢纽是整个肥水一体化系统的控制中枢，控制整个系统的开启与关闭。

输水管道是指以管道将水源水输送至灌水器进行地面灌溉的设施，其管道工作压力一般不超过 0.4MPa。输配水管道宜沿地势较高位置布置，支管宜垂直于树行布置，毛管宜平行树行布置。

灌水器是指灌溉系统末级出流装置，果园常用灌水器主要包括滴头、滴灌管（带）、微喷头、微喷带、涌泉灌等。完成控制设备和输水管道安装后，沿树行进行铺设滴灌管，依据树龄不同滴灌管铺设一般距树行 40～100cm，或将滴灌管铺设在施肥坑上方。滴头间距和流速可根据株距和具体要求设置。同时，滴灌管要铺设在地膜下，以防止水分蒸发，减少浪费，提高水分利用效率。

5. 依据土壤水分含量和施肥时期进行肥水一体化管理

在树下距离树干 50～80cm 处分别在 20cm 和 50cm 土壤内安装两个张力计，依据不同土壤类型和树种及张力计读数指导灌水、施肥，达到控制生长、节水省肥、提高品质的效果。

三、技术来源

1. 本技术来源于"果树优质丰产的生理基础与调控"项目（2019YFD1000100）。

2. 本技术由北京市林业果树科学研究院完成。

3. 联系人刘松忠，邮箱 szliu1978@163.com。

单位地址：北京市海淀区香山瑞王坟甲 12 号，邮编 100093。

雨养梨园肥水高效利用技术

一、功能用途

该技术为针对我国西北黄土高原及北方丘陵、山地等无灌溉条件梨园养分投入量大、降水时期与果树需水特性不匹配的实际情况，集成研发的科学合理施肥、土壤培肥改良、秋季起垄覆盖地布保墒等措施为一体的肥水高效利用技术。该技术应用后在梨产量不降低的情况下，肥料利用率提高10％以上，提质增效效果明显。

该技术适用于我国北方梨产区。

二、技术要点

1. 科学合理施肥

建议氮（N，纯量）、磷（P_2O_5，纯量）、钾（K_2O，纯量）为目标产量的80％。有机肥在秋季梨采收至落叶前施行，有机肥每亩用量1t以上。无机肥分三次施用：第一次在施用有机肥时，氮、磷、钾用量分别占全年施用总量的40％、90％和40％；第二次在果实迅速生长期前进行追肥，氮、磷、钾用量分别占全年施用总量的40％、10％和40％；第三次在果实膨大生长期进行追肥，氮、磷、钾用量占全年施用总量的20％、0％和20％。辅以微量元素叶面追肥。

2. 土壤局部改良，提高保水保肥能力

在外围延长枝垂直下方30～40cm内侧顺行向开宽40cm、深40～50cm的沟，每亩施用1t腐熟有机肥；将腐熟的有肥料与上层土壤充分混合均匀，根据目标产量加入无机肥料（氮、磷、钾肥）。

3. 行内起垄

行内起垄，高度15～20cm，达到行间低、行内高的形状。

4. 覆盖地布，蓄水保墒

选用园艺地布于雨季后覆盖，覆盖宽度根据行距的大小，一般每边1.0～1.5m。覆盖可保持土壤墒情，节约水分，抑制杂草生长和病原菌蔓延等。有条件的梨园可以在行间覆草防止水分散失。

三、技术来源

1. 本技术来源于"果树优质丰产的生理基础与调控"项目（2019YFD1000100）。

2. 本技术由北京市林业果树科学研究院完成。

3. 联系人孙明德，邮箱 13521361007@163.com。

单位地址：北京市海淀区香山瑞王坟甲 12 号，邮编 100093。

云南"榅桲"梨矮化砧栽培技术

一、功能用途

果树矮化栽培充分利用空间和土地，增强树体光合效率，控制树体的生长，促进果树由营养生长向生殖生长转化，因而具有早结果、早丰产、品质好、便于机械化作业等优点，是世界果树生产发展的方向。

目前，梨矮化砧木在我国梨的密植栽培中尚未广泛应用，其主要原因是没有适宜的矮化砧木。项目组在陕西武功等地进行了矮化栽培，以云南"榅桲"为基砧，"哈代梨"为亲和砧，品种为"红星梨"和"阿巴特梨"，株行距1m×3m，采用主干形整形。栽后"红星梨"和"阿巴特梨"2年结果，3年大量挂果，4年进入丰产；5年生"红星梨"亩产2 418kg，5年生"阿巴特梨"亩产3 585kg；6年生"红星梨"亩产3 207kg，6年生"阿巴特梨"亩产4 000kg；7年生"红星梨"亩产4 631kg，7年生"阿巴特梨"亩产5 115kg；并且树体不徒长，几乎不用修剪，早果、优质、丰产，省工省力。

二、技术要点

1. 矮化苗木繁育

选用云南"榅桲"为异属矮化砧木，"哈代"为中间砧。首先深翻细耙，增加活土层。一般深翻以25～30cm为宜，同时加入适量河沙，保持土壤疏松。经过翻耕平整之后，即可作畦。一般畦宽1.5m，长10m左右。畦内要施以足够的有机肥，以改良土壤，提高土壤肥力。为提高肥效，可同时混入尿素、过磷酸钙、草木灰等。扦插前用黑色地膜覆盖整个畦面。

冬季剪取云南"榅桲"一年生枝条，每小捆30枝，埋入湿沙中沙藏。次年3月中旬，取出沙藏云南"榅桲"枝条，剪取枝条下部15cm，下端斜剪成马耳形后，0.5mg/L的吲哚丁酸浸泡4h待用。扦插时按20～25cm株距插入土中，上端露出地面5cm左右，插后立即灌水保墒。插后定期观察畦内土壤墒情，发现土壤缺水要及时灌溉。云南"榅桲"容易分生侧枝，要及时去除，确保中心直立枝生长。去掉农膜后，要及时中耕松土和清除杂草。

中间砧选用"哈代"。从良种母本树上采取接穗，于9月上旬至10月中旬芽接至扦插成活的云南"榅桲"植株。接穗品种为西洋梨品种"红星""阿巴特""红巴梨"等。嫁接繁育的苗木在进行选择时应符合NY 475《梨苗木》的规定，建议栽植经脱毒处理的苗木。从生长健壮、无病虫害的已结果良种母本树上采取生长充实、芽眼饱满、发育良好的当年发育枝作为接穗，生长期采取后剪取叶片，保留叶柄。短期保存应用湿布包好，放在室内阴凉处。12 月至次年 2 月底进行枝接。

嫁接后覆盖地膜、保墒保湿。春季对萌发 2 个以上新梢的嫁接苗，选留 1 个健壮的新梢作为主干培养，其余及早摘除。并及时除砧萌。嫁接苗后期管理按 NY/T 442 土肥水管理执行。

2. 栽植

挖深 0.6m、宽 0.8m 的栽植沟，挖出的表土与每亩施用 2t 以上的优质腐熟有机肥混匀，回填沟中。填至低于地面 0.2m 后，灌水浇透，使土沉实，覆上一层表土保墒。

平地、缓坡地为长方形栽植，以南北行向为宜；6°～15°的坡地实行等高线栽植。栽植株行距为（1.5～2.0）m×（3.5～4.0）m，具体根据整形方式、自然条件、品种特性、砧木类型等确定栽植密度。选择与主栽品种亲和且花期相同，花粉量大的品种作为授粉树，与主栽品种比例为 15%～20%。栽植时间根据当地气候条件而定。秋冬寒冷、干旱、风大的地区，宜在春季栽植。秋冬气温较高、气候湿润的地区，宜在秋季栽植。

在栽植沟（穴）内按株距挖深、宽各 30cm 的定植穴。将梨苗木置于穴中央，使嫁接口高于地面 5～10cm（降水较少的地区可适当深栽），舒展根系，扶正苗木，纵横成行，边填土边提苗、踏实。填土完毕后在树苗周围做直径 1m 的树盘，立即灌水，浇透后覆盖地膜保墒。苗木定植后按整形要求立即定干，并采取适当措施保护定干剪口。

栽后及时灌水，待水下渗后回填封土。一周后再次灌水并覆膜保墒。发芽后及时检查苗木成活情况，发现死苗需及时补苗。

3. 土肥水管理

采取清耕或覆盖栽培。覆盖栽培可采用地膜覆盖或生草栽培。秋季每亩施 3 000kg 有机肥。追肥重视萌芽期、花芽分化期和果实膨大期，以氮肥为主，根据土壤元素缺乏情况配施磷钾肥、复合肥。肥料种类按照 NY/T 496 执行。每次追肥后灌水。其他时间根据土壤墒情灌水。灌水宜在萌芽前后、生理落果前、果实膨大期和土壤冻结前。

4. 整形与修剪

树形采用圆柱形，树高 3.0～3.5m，中心干上留有 10～15 个小主枝均匀分布，小主枝长约 1m。

栽植后第一年，选留一个生长旺盛的新梢作中心干，刻芽促进枝条萌发，抹除主干 50cm 以下的萌芽。每株树旁立支柱（钢管或水泥柱），并依托支柱拉 3～4 层钢丝线，钢丝线间距 60～70cm，支撑梨树保持直立。

栽植后第二年，春季萌芽前，在中心干上 15cm 左右选择去年优良枝条作为骨干枝，中心干骨干枝不足部位刻芽促进枝条萌发。剪去多余枝条。新梢长度 30cm 时撑枝，枝条角度约 50°。

栽植后第三年，继续第二年方法选留疏枝。维持中等的树势，保持骨干枝有适宜的开张角度。细致修剪结果枝组，利用中长枝培养新的结果枝组，对个别树形紊乱的树整形，疏花疏果，防止大小年。盛果期梨树修剪参照 NY/T 442 进行。

5. 花果管理

采用壁蜂授粉进行辅助授粉，如遇阴雨天气及时人工辅助授粉。花序分离至初花期进行疏花，间隔 20～30cm 留 1 个花序，每个花序留 1～2 个发育良好的边花。终花期后 15～20d 开始疏果，疏除病虫果、小果、畸形果等质量不佳的果实，并控制整棵树留果量。

6. 病虫害防治

根据当地梨病虫害发生规律，合理使用农业防治、生物防治、物理防治、化学防治等方法进行综合防治。具体按照 NY/T 2157 执行。

三、技术来源

1. 本技术来源于"果树优质丰产的生理基础与调控"项目（2019YFD1000100）。

2. 本技术由西北农林科技大学完成。

3. 联系人徐凌飞，邮箱 lingfxu2013@sina.com。

单位地址：陕西省杨凌示范区邰城路 3 号，邮编 712100。

梨新品种"早金香"栽培技术

一、功能用途

梨新品种"早金香"是中国梨品种"矮香"与西洋梨品种"三季"梨的杂交后代，为种间远缘杂交选育而成。果个大，肉质细腻、多汁，风味甜，略具芳香，品质优。耐高温多湿，抗寒力较强，高抗黑星病，抗腐烂病，是一个具有西洋梨品质、风味和中国梨抗性的梨优良新品种。其推广有利于产区品种多样化与差异化，丰富我国梨产品，延长梨果货架期，提高果农产值20％以上。

该技术应用于梨新品种"早金香"的种植栽培，适用于渤海湾地区。

二、技术要点

露地密植栽培株行距以2m×3m为宜，树形可采用纺锤形，幼树要轻剪，对各级延长枝短截，内膛小枝、斜生枝、水平枝不剪。多留辅养枝，盛果期后逐年剪掉。

设施栽培株行距以（1.0～1.5）m×（2.0～3.0）m为宜，树形可采用斜式倒人字形整形。树高2m左右，干高70cm，南北行向，2个生枝分别伸向东南和西北方向，形成两大主枝，主枝腰角70°，大量结果时80°，大主枝上着生中小型枝组，其中以小型枝组为多。

授粉树可用"香红蜜""早酥""八月红""红香酥梨"等。施肥以有机肥为主，化肥为辅；适时灌、排水，保持良好的土壤墒情；上冻前、萌芽前、开花前、果实膨大期、落叶后果园需灌足水。病虫害防治以农业防治和物理防治为基础，提倡生物防治。注重病虫害预测报，以便按时、合理使用农药，保护天敌。采用套袋、人工捕捉、诱捕方式防治病虫危害。

三、技术来源

1. 本技术来源于"果树优质高效品种筛选及配套栽培技术研究"项目（2019YFD1001400）。

2. 本技术由中国农业科学院果树研究所完成。

3. 联系人姜淑苓，邮箱 jshling@163.com。

单位地址：辽宁省兴城市兴海南街98号，邮编125100。

"香妃"葡萄一年两熟温室栽培方法

一、功能用途

使用该技术可以提高北方冬季温室使用效率，延长鲜食葡萄供应期，比一季果能增产增收 50％以上。

该技术适宜在渤海湾葡萄产区推广。

二、技术要点

在温室内采用独立主干水平龙蔓整形方式进行"香妃"葡萄一年两熟栽培，具体方法如下：

1. 第一季果

前一年冬季果实采收后立即清园、灭菌；果实采收后的 20～30d 冬剪，冬剪时每隔 15～25cm 选留 1 个结果母枝，结果母枝进行留 2～3 个芽的短梢修剪；冬剪后立即用石灰氮催芽，发芽后抹芽定梢；长出新梢后，新梢垂直于主蔓绑缚，开花前对新梢按花序以上留 6～8 片叶进行摘心，新梢上从基部开始的副梢均保留 1～2 片叶摘心，新梢摘心后顶部 1～2 芽发的副梢留 3～4 叶摘心；坐果后每个新梢上留 1～2 个果穗；第一季果在 6 月下旬至 7 月上旬成熟后采收。

2. 第二季果

第一季果采收后立即清园；7 月底或 8 月初夏剪，清除新梢和副梢上的所有生长点，并对当年春季萌发的新梢进行留 4～7 个芽的中梢修剪；夏剪后立即用石灰氮催芽，催芽后浇透一次水增加温室内湿度，控制温室内白天温度不超过 30℃，开始出现花序后，每平方米留 5～6 个果穗；第二季果于 12 月中下旬成熟采收。

三、技术来源

1. 本技术来源于"果树优质高效品种筛选及配套栽培技术研究"项目（2019YFD1001400）。

2. 本技术由北京市林业果树科学研究院完成。

3. 联系人徐海英，邮箱 haiyingxu63@sina.com。

单位地址：北京市海淀区香山瑞王坟甲 12 号，邮编 100093。

葡萄热处理结合茎尖培养脱毒技术

一、功能用途

葡萄是我国的主栽果树之一，葡萄病毒病主要随繁殖材料传播，致使我国葡萄病毒病发生日益普遍，严重影响果实品质和产量，造成巨大经济损失。葡萄病毒病难以采用化学药剂进行有效防治，培育和栽植无病毒苗木是唯一有效的防控措施。本研究改进优化了葡萄病毒脱除技术，建立了"盆苗（或试管苗）热处理结合茎尖培养"的脱毒方法，葡萄主要病毒的脱除率达70％以上，较传统单纯热处理脱毒方法提高15％以上，脱毒周期较单纯茎尖培养缩短30d以上。脱毒获得的无病毒试管苗，能够立即用于工厂化育苗，极大提高了无病毒苗木的生产效率，为加速葡萄优新品种无病毒原种母本树的培育和种苗生产提供了有力的技术保障。利用本研究建立的高效脱毒技术，培育出一系列葡萄优新品种的无病毒原种，建立了规范的原种保存圃和母本园。利用该技术可有效控制葡萄病毒病的危害，对提高果实品质和产量、增加生产者的种植效益具有积极作用，社会效益和经济效益显著。

该成果可应用于所有葡萄无病毒种苗培育，具有广阔的应用前景。

二、技术要点

1. 盆栽苗热处理结合茎尖培养

取待脱毒葡萄品种的盆栽苗置于温室中，苗木萌动发芽后，放入光照培养箱中。在38℃±1℃条件下恒温热处理处理30～40d或在32℃和38℃每隔8h变换一次，变温热处理60d。每天光照12h以上，光照强度为5 000～10 000lux。处理结束后从该盆栽苗上剪取顶芽，进行茎尖培养。从热处理到期的盆栽苗上，采集生长旺盛、长约1～2cm的顶梢，去掉叶片，在超净工作台上进行消毒处理。先用75％酒精浸泡0.5min，蒸馏水冲洗后放入0.1％升汞中消毒5～10min，无菌水浸洗3～5次，取出后置于无菌培养皿上，在解剖镜下剥取0.2～0.3cm大小的茎尖，接种在分化增殖培养基上。

2. 试管苗热处理

待脱毒试管苗转接后，于25～28℃继代培养10～15d，置恒温培养箱中（32℃）培养1周，然后逐步升温至38℃±1℃，每天光照12h以上，光照强度1 500～2 000lux，依据不同葡萄品种特性恒温热处理30～40d或变温热处理（温度为 32 ℃ 和 38 ℃ 每隔 8h 变换一次）60d。为防止培养基干燥，热处理期间，可加入少量灭菌的 1/2MS 培养基。热处理到期后，从试管苗上剥取 0.2～0.3cm 茎尖，接种在分化增殖培养基上。

3. 茎尖增殖

将接种的培养瓶置于 25～28 ℃、光照强度 1 000～2 000lux、每天光照时间 12h 的组培室中培养。根据生长状况，每 1～2 个月转接 1 次，转接时，先将试管苗基部愈伤组织切除，再切成带 1 个腋芽的茎段，接种在增殖培养基上。由同一个茎尖增殖得到的组培苗为一个芽系，统一编号。继代 5～6 次，同一芽系的试管苗数量达到 5 瓶以上时，进行病毒检测。检测无毒的试管苗可作为基础繁殖材料用于无病毒苗木繁育。

三、技术来源

1. 本技术来源于"园艺作物病毒检测及无病毒苗木繁育技术"项目（2019YFD1001800）。

2. 本技术由中国农业科学院果树研究所完成。

3. 联系人董雅凤，邮箱 yfdong@163.com。

单位地址：辽宁省兴城市兴海南街 98 号，邮编 125100。

酿酒葡萄肥水一体化节水调质技术

一、功能用途

酿酒葡萄肥水一体化节水调质技术将水分和养分进行综合协调和一体化管理，实现定时、定量和精准灌溉及施肥。该技术主要是结合酿酒葡萄关键生育期的需水需肥规律进行水肥精准供给，不仅可以节水节肥，同时达到了调节果实品质的目的。酿酒葡萄肥水一体化节水调质技术在生产中的应用结果显示，该技术较传统栽培模式节水 50％左右、节肥 42％，增产 30％，同时果实品质得到显著改善，可溶性固形物提高 2％以上。与传统水肥管理技术相比，酿酒葡萄肥水一体化节水调质技术每亩节约成本 700 元左右，年均收益近 2 600 元/亩。该技术主要适用于年降水量不足 300mm 的西北干旱产区。

二、技术要点

滴灌配水方案：灌水主要在萌芽前、开花前、果实第一次膨大期、副梢生长期和果实第二次膨大期进行，果实采收后，浇灌越冬水。灌水时间及灌水量一般按照表 1 进行，可以根据当年的降水量进行调整。

从葡萄的生育期来看，萌芽前灌水主要满足葡萄萌芽抽枝的需要，花前水主要结合施肥进行，以提高授粉效果和坐果率。果实第一次膨大时，气温不断升高，新梢快速生长，蒸发量较大，需要大量灌水以满足树体生长和果实发育的需要。果实转色后，结合施肥进行灌水，并适当控制灌水量，促进果实成熟，同时提高果实品质。

表 1　酿酒葡萄滴灌配水方案

灌水时期	总灌水量（m³/亩）	灌水日期	灌水量（m³/亩）
萌芽前	45	4 月 15 日	15
		4 月 20 日	15
		4 月 25 日	15
开花前	60	5 月 5 日	10
		5 月 10 日	15
		5 月 15 日	10
		5 月 20 日	15
		5 月 25 日	10

（续）

灌水时期	总灌水量（m³/亩）	灌水日期	灌水量（m³/亩）
果实第一次膨大期	50	6 月 5 日	10
		6 月 12 日	10
		6 月 19 日	10
		6 月 26 日	10
		7 月 3 日	10
副梢生长期	16	7 月 15 日	10
		7 月 25 日	6
果实第二次膨大期	24	8 月 5 日	6
		8 月 11 日	6
		8 月 17 日	6
		8 月 23 日	6
越冬水	80	冬剪后	80
合计	275		275

　　滴灌施肥方案：施肥基本按表 2 进行。在葡萄萌芽期，对氮素的需求量较高，还需要补充适当的 P 和 K。葡萄第一阶段的水溶肥一般为高氮型的水溶肥，养分形态易于吸收，能迅速补充萌芽、新梢和幼叶生长对 N 和 K 的需求，加快器官建造。辅助以腐殖酸液体肥促进土壤形成有益土壤团粒，迅速提高根系活力，促进葡萄生根。葡萄在始花期对 B、Zn 等微量元素的需求量较大，且为根系生长的第一次高峰，需着重补充微量元素，配施 N、P、K。同时使用中量元素液体肥和生物能叶面肥，有效快速地补充 Ca、B、Zn、Mg 等元素，提高光合效率。果实膨大期对 P 的需求达到高峰，该时期应以高 P、高 K 为主，并适当补充 Ca、Mg 等微量元素。果实着色期需要大量的 P、K 肥，秋梢和根系的生长需要 N 和 P，该时期施肥应注重补充 P、K 肥，并配合以叶面喷施 KH_2PO_4。果实采收后应全面补充 N、P、K 肥以及中量元素 Ca、Mg 等，使树体快速恢复养分。

表 2　酿酒葡萄滴灌施肥方案

时　期	肥料类型	施肥量
萌芽期	高氮水溶肥（N：P_2O_5：K_2O＝27：10：13＋TE）	5kg/亩
	腐殖酸液体肥	10L/亩

（续）

时　　期	肥料类型	施肥量
始花期	高氮水溶肥（N：P$_2$O$_5$：K$_2$O＝27：10：13＋TE）	5kg/亩
	高磷水溶肥（N：P$_2$O$_5$：K$_2$O＝12：40：10＋TE）	5kg/亩
	生物能叶面肥	50mL/亩
	中量元素水溶肥	10L/亩
果实膨大期	高钾水溶肥（N：P$_2$O$_5$：K$_2$O＝10：5：38＋TE）	5kg/亩
	中量元素水溶肥	10L/亩
	磷酸二氢钾叶面肥	50g/亩
转色期	高钾水溶肥（N：P$_2$O$_5$：K$_2$O＝10：5：38＋TE）	5kg/亩
	中量元素水溶肥	5L/亩
	磷酸二氢钾叶面肥	100g/亩
采收后	平衡型水溶肥（N：P$_2$O$_5$：K$_2$O＝20：20：20＋TE）	5kg/亩
	有机肥	3～5m^3/亩
	过磷酸钙	50kg/亩

三、技术来源

1. 本技术来源于"果树果实品质形成与调控"项目（2018YFD1000200）。

2. 本技术由山东农业大学、浙江大学、甘肃农业大学完成。

3. 联系人陈佰鸿，邮箱 bhch@gsau.edu.cn。

单位地址：甘肃省兰州市安宁区营门村 1 号，邮编 730070。

北方地区埋土防寒区酿酒葡萄"爬地龙"栽培技术

一、功能用途

中国葡萄产区90％以上分布在冬季需埋土防寒的北方地区。埋土防寒区传统的葡萄栽培模式劳动效率低、防寒效果差、不适应机械化生产，成为制约我国葡萄与葡萄酒产业可持续发展的重大难题。针对这一问题，基于"最小化修剪"原理，创造了"爬地龙"的栽培新模式。其特点是植株无主干，主蔓以较小的角度与地面平行生长，冬剪后枝蔓贴近地面，无须下架；翌年春季萌发后无须上架。

新模式实现了简约化整形修剪，显著提高了劳动效率（收益增加217％）；提高了葡萄品质（成熟系数 M＝糖/酸提高 30％）；果实成熟一致性提高了65％；抵御不良年份的产量稳定性提高了 30％；提高了葡萄埋土防寒的效率和安全性（冻害发生率降低48％，埋土效率提高72％）；延长了植株寿命（早衰出现年份推迟 8～10 年）；降低了对埋土区域葡萄园表面土壤的扰动。"爬地龙"模式是我国葡萄栽培制度上的重大革新，为葡萄生产的机械化、简约化、规模化、标准化提供了科学依据。

该技术适用于我国葡萄埋土防寒区，如宁夏、甘肃、新疆、河北等。

二、技术要点

植株的一年生枝（无主蔓"爬地龙"）或主蔓（有主蔓"爬地龙"）被平拉固定在离地面或沟面 0.3cm（无主蔓"爬地龙"）或 0.2cm（有主蔓"爬地龙"）的第一道铁丝上。修剪后，在同一定植带（或定植沟）中，所有植株的一年生枝或主蔓首尾相接，连接在一起，就像爬在地上的长龙一样，故名"爬地龙"整形修剪。"爬地龙"栽培模式就是"爬地龙"整形修剪加行间生草。

无主蔓"爬地龙"：无主蔓"爬地龙"的葡萄植株为无明显主干的近地双或单臂（一年生枝）整形，地上部为立架形，架面高 1.5m，架面宽 0.5m，行间免耕生草。

有主蔓"爬地龙"：有主蔓"爬地龙"的葡萄植株主干为近地双或单龙干（多年生枝），其上着生的结果母枝用短梢修剪（剪留 3 个芽眼），地上部为直立架形，架面高 1.5m，架面宽 0.5m，行间免耕生草。

主要管理技术

第一年：种植密度：株距 1.0m，行距 2.5～3.5m（埋土越厚，行距越大）。

将定植用苗剪留两芽，用引枝绳培育一（"单爬地龙"）或两个新梢（"双爬地龙"）。冬季修剪时将所培育的一年生枝剪留 1.0m（单龙）或 0.5m（双龙）固定在离地面或沟面 0.3m 的第一道铁丝上埋土。

第二年：出土后，将由芽眼发出的新梢向上直立绑缚，使之在架面上分布均匀。高度超过架面的部分，全部剪掉。保持叶幕层厚度为 0.5m，超过部分，全部剪掉，使叶幕层成为高度为 1.5m、厚度为 0.5m 的"绿篱"。冬季修剪时，选留离树桩最近的两个一年生枝，将里侧的一年生枝剪留两芽，外侧枝长梢修剪后，固定在离地面或沟面 0.3～0.6m 的第一道铁丝上埋土。将修剪枝留在架面上。

第三年及以后：春季出土前，将留在架面上的修剪枝清理干净。出土后，将由芽眼发出的新梢向上直立绑缚，使之在架面上分布均匀。高度超过架面的部分，全部剪掉。保持叶幕层厚度为 0.5m，超过部分，全部剪掉。使叶幕层成为高度为 1.5m、厚度为 0.5m 的"绿篱"。在冬季修剪时，将上年修剪留下的长梢全部剪掉，在上年留下的短梢上，将里侧的一年生枝剪留两芽，外侧枝长梢修剪后，固定在离地面或沟面 0.3～0.6m 的第一道铁丝上埋土。将修剪枝留在架面上。

三、技术来源

1. 本技术来源于"宁夏贺兰山东麓葡萄酒产业关键技术研究与示范"项目（2019YFD1002500）。

2. 本技术由西北农林科技大学完成。

3. 联系人房玉林，邮箱 fangyulin@nwsuaf.edu.cn。

单位地址：陕西省杨凌示范区邰城路 3 号，邮编 712100。

贺兰山东麓酿酒葡萄园春季土肥水管理技术

一、功能用途

该酿酒葡萄建园模式与传统建园模式相比，可以提高葡萄园的整齐度和美观度，提高葡萄成活率，促使后期树形的形成和稳定，利于轻简化栽培，便于后期机械化操作。同时可以改善土壤结构，持续培肥地力、预防冻害发生，确保葡萄后期的优质稳产。适合在中国北方所有埋土防寒区推广应用。

酿酒葡萄春季肥水管理的关注重点是出土后的催芽肥和催芽水，以及春季易发的葡萄黄化症。采用水肥一体化方式可以有效节约水资源和肥料用量，降低病虫害的发生率，极大提高人工管理效率，做到按需、按量、随时供给的精准灌溉与施肥，确保葡萄的优质稳产，适合在干旱少雨水资源匮乏的地区大面积推广应用。

二、技术要点

1. 葡萄园建园

打点放线：撒白灰或间隔一定的距离打 1 个小土堆作为标志等方法，第 1 条定植沟距离地边 2.5～3m。

施有机肥：将有机肥均匀施在垄上，10～20m³/亩。

挖定植沟：先从地块的一边开始，将第 1 条沟内的土壤全部挖出，开挖第 2 条沟时，将挖掘机骑在垄上进行挖沟操作，并将挖出的带有有机肥的表土置于已开的相邻的上 1 条沟内，然后将挖出的底土置于 2 条沟的中间，划平，定植沟上口宽 80cm，下口宽 80cm，深度 80cm。

合沟：将定植沟边表土（包括挖沟换土过程中散落的有机肥）合到沟中，合沟机前口宽 120cm，后开口 100cm，合沟后沟深离原始地表面 10cm，沟内用刮板刮平。

灌水施肥：灌水将定植沟渗实，在 2 遍合沟前，施氮磷钾复合肥 30kg/亩，在 2 遍合沟后，定植沟宽为 120cm，低于原始地表 20cm，沟内平整。

回填土：先在沟底填一层 20cm 左右厚的有机物（麦秸、玉米秆、杂草等）。在定植前应结合开沟，回填土时要拌粪肥，每亩施入羊粪等优质肥料

10m³/亩。土质差的，有机肥可增加到 20m³/亩，并结合施入过磷酸钙 15kg。回填土应高出沟面 10～20cm，经灌水后沟内浮土下沉约 10cm 左右，地面白干后再进行平整，直接挖穴定植苗木。

2. 春季葡萄园肥水管理

渠道灌溉依据渠道来水情况实施大水漫灌，在葡萄蔓上架后立即灌一次水，灌溉标准以明水没过葡萄种植沟，不超过葡萄行间土堆垄面为准。

对滴灌的葡萄园滴灌地下管道、阀门、开关、滴管等全面整理和维修，保证水管畅通无阻，并保证滴管滴水均匀、无断裂。滴灌灌溉在葡萄出土后首次滴水每亩不少于 40m³，之后依据天气变化情况每亩单次灌水控制在 10～20m³，花期加大灌水定额，促进新梢的营养生长，自然疏花，达到保留优质花果的目的。

常规施肥在距树 0.3～0.5m 进行开沟条施，按 0.1～0.2kg/株标准，施肥深度控制在 0.2～0.3m。5 月中旬前每亩施用有机肥 300～500kg 或有机肥 2～3m³，加 4～6kg 复合肥和 5～6kg 尿素；对于贫瘠的土壤，在原有施肥基础上加大有机肥或农家肥的投入，有条件的情况下可以每亩配施 1～2kg 的土壤微生物菌肥。

水肥一体化施肥选择的肥料应为全溶性大量元素水溶肥，按 600kg/亩目标产量预期，全生育期施肥量 45kg 左右。营养生长生育前期选用高氮型大量元素水溶肥，花期前后选择高磷型大量元素水溶肥。

对于春季常发的葡萄大面积缺铁黄化问题，施萌芽肥的时候，在水溶肥中按每 t 添加 4～5kg 螯合铁、3～4kg 螯合锌的标准一次性滴灌施入。同时配合叶面喷施，尿素、螯合铁和螯合锌混合液的叶面喷施浓度控制在千分之一以内。也可以开沟断根，施入生物有机肥，促使萌发大量新根，快速吸收水分和养分。

三、技术来源

1. 本技术来源于"宁夏贺兰山东麓葡萄酒产业关键技术研究与示范"项目（2019YFD1002500）。

2. 本技术由宁夏大学完成。

3. 联系人王锐，邮箱 amwangrui@126.com。

单位地址：宁夏银川市西夏区贺兰山西路 489 号，750021。

葡萄苗木快速繁育和苗木
生活力鉴定技术

一、功能用途

本成果为一种葡萄快速育苗及苗木生活力鉴定方法，可解决现有技术中葡萄新品种幼苗培育成活率低、周期长、扩繁速度慢、效率低的缺点。葡萄快速育苗方法相较于传统的育苗方法大大提高了葡萄育苗的效率，在一年内达到1：100 000的扩繁比率，通过在定植前检测苗木的生活力，进而减少在后期管理和生产中的浪费，可为葡萄生产带来巨大的经济和社会效益。

本成果适用于全国各地葡萄良种繁育产业。

二、技术要点

1. 葡萄苗木快速繁育技术

①接穗及砧木准备：于上年 11 月初将葡萄种苗及砧木置于温度为 0～4℃的环境中 15～20d；再将葡萄种苗及砧木移植于温室内，调节温室温度为 15～20℃，保持 10d；再调节温室温度为 25～30℃，保持 10d；当葡萄种苗新梢长至 10 片叶时摘心，并去除副梢。

②五次扩繁：

第一次扩繁：葡萄种苗摘心 8～10d 后于 1 月下旬采芽，再嫁接与砧木上，得到一代嫁接苗，调节温室温度为 25～30℃，一代嫁接苗生长至第 4 片叶时施水肥，一代嫁接苗于温室培养 45d。

第二次扩繁：在第一次嫁接同时于 25～30℃温室内栽植株砧木苗，待一代嫁接苗生出 10 个有效芽，于 3 月上旬，接芽嫁接在砧木上，得二代嫁接苗。

第三次扩繁：在第二次嫁接前准备株砧木苗栽植于 25～30℃冷棚内，待二代嫁接苗生长 45d，在 4 月下旬可得芽，进行第三次嫁接，得三代嫁接苗。

第四次扩繁：在 3 月初准备砧木插条，设置温床温度为 25～28℃，使用生根溶液速蘸 3s 进行催根处理，插条稀疏插入 3～4cm，于 4 月初，扦插于露地或 25～30℃冷棚内，6 月上旬取三代嫁接苗的芽，嫁接砧木插条上，得四代嫁接苗。

第五次扩繁：7 月下旬取四代嫁接苗的芽进行第五次嫁接，嫁接在当年扦插苗的副梢上，得到当年嫁接苗。

2. 葡萄苗木生活力鉴定

①提取待测葡萄样品的总 RNA，将总 RNA 反转录成 cDNA。

②以步骤①中的 cDNA 为模板，SEQ ID NO：3～4、SEQ ID NO：5～6为引物，利用荧光定量 PCR 分别扩增 *GAPDH1* 基因和 *TIM1* 基因。

③当 *GAPDH1* 基因的表达量 *Ct* 值大于 30 且 *TIM1* 基因的表达量 *Ct* 值大于 26 时，葡萄苗的生活力小于 50%。

三、技术来源

1. 本技术来源于"果树优质丰产的生理基础与调控"项目（2019YFD1000100）。

2. 本技术由南京农业大学完成。

3. 联系人房经贵，邮箱 fanggg@njau. edu. cn。

单位地址：江苏省南京市玄武区卫岗 1 号，邮编 210095。

埋土防寒区葡萄树简约化整形修剪技术

一、功能用途

我国酿酒葡萄与葡萄酒产区绝大部分位于北方，影响生产的最大问题是冬季气候严寒干燥，常常造成葡萄冻害甚至死亡，因此冬季葡萄必须埋土防寒。葡萄生产传统的树形是多主蔓扇形和直立独龙蔓形，其优点是产量较高。但存在架面立体挂果造成不同部位的果实品质差异较大，多年后粗壮的枝蔓冬季下架埋土困难，无法实现葡萄叶幕管理及冬季修剪机械化，导致人工用量大、生产成本高等问题。倾斜式单龙蔓树形克服了传统树形的缺陷。其主蔓沿地面倾斜上扬至第一道钢丝，结果枝组均匀地分布在第一道钢丝的水平臂上，葡萄挂果部位高度呈一条线，果实品质几乎完全一致，葡萄冬季下架埋土容易。

传统的葡萄修剪方法复杂、技术要求较高，一般的农民工很难熟练掌握，容易导致修剪不当，造成树体结果部位上移和外移，缩短树体寿命。葡萄简约化修剪技术简单易行，在最大程度上防止了葡萄结果部位的上移和外移。

倾斜式单龙蔓树形和简约化修剪技术的结合便于实现葡萄园机械化管理，节省劳动力 30%～40%、降低生产成本 30%左右。

该项技术适用于我国北方冬季葡萄埋土防寒区域，尤其是酿酒葡萄产区。

二、技术要点

1. 倾斜式单龙蔓整形技术

①基本骨架：单篱架，架高 1.8m，3～4 道钢丝，第一道钢丝距离地面高度 0.5～1.0m（具体高度视当地气候和病害而定），种植株行距 (1.0～1.5)m×(3.0～3.5)m。单龙蔓倾斜逐渐上扬至前一颗植株顶部的第一道钢丝，其基部 30～40cm 与地面夹角小于 15°。第一道钢丝上水平臂的长度与株距等长，其上每 15～20cm 配置 1 个结果枝组，每个结果枝组上配置 1～2 个短结果母枝（每 m 架面留新梢 8～15 个，具体视产量要求而定），新梢沿架面垂直生长。

②整形技术：栽植当年，苗木萌芽后选留 1 个生长健壮的新梢，让其自由垂直沿架面向上生长，当高度超过 220cm 或到 9 月上旬进行截顶，促进新梢的成熟；冬季修剪时视一年生枝的粗度（剪口下枝条粗度达到 5mm）最多保留 180cm 进行剪截。栽植第二年，春季萌芽前沿同一方向将一年生枝按要求斜拉至前一株之上的第一道钢丝，并将超出部分水平绑缚在第一道钢丝上，选

留适量新梢垂直沿架面生长；冬季修剪时，将水平臂顶端的一年生枝按中长梢修剪，其余按一定间距进行短梢修剪。栽植第三年，春季萌芽前枝蔓按原位上扬绑缚于第一道钢丝，水平蔓顶端结果母枝水平绑缚，选留一定量的新梢垂直沿架面绑缚（每 m 架面留 8～15 个新梢，具体视品种和产量要求而定）；冬季修剪时按预定枝组数量进行短梢修剪。

2. 直立独龙蔓和多主蔓扇形变为倾斜式单龙蔓树形的改造技术

①当年春季葡萄出土后，保留最好的一个主蔓，将其斜拉（基部 30～40cm 与地面夹角小于 15°）至第一道钢丝后水平绑在钢丝上，其上间隔 15～20cm 左右留 1 个结果母枝，第一道钢丝之下适当留结果母枝使其当年挂果；冬季保留水平臂最顶部的一年生枝作为水平臂继续培养，其余一年生枝按照倾斜式单龙蔓的要求修剪，第一道钢丝之下的枝蔓从基部剪除。

②选择最好的一条蔓从根茎处剪截（平茬），利用萌发的新梢按照倾斜式单龙蔓的要求进行整形，其余枝蔓从基部剪除。

3. 简约化冬季修剪技术

①单枝短梢修剪：根据单株短枝（一年生枝，次年结果母枝）预留的数量（留芽量），在每个结果枝组基部留 1 个双芽一年生枝（次年结果母枝）进行剪截，上方其余枝蔓回缩疏除。

②双枝短梢修剪：根据单株短枝（一年生枝，次年结果母枝）预留的数量，在每个结果枝组基部留 1 个双芽一年生枝（次年结果母枝）进行剪截、紧靠其上部留 1 个单芽或双芽一年生枝（次年结果母枝）进行剪截，上方其余枝蔓回缩疏除。

上述两种修剪方法适宜于结果母枝低节位成花能力较强的葡萄品种，同时可在埋土前利用修剪机械进行初剪，次年出土后可进行人工复剪。

三、技术来源

1. 本技术来源于"宁夏贺兰山东麓葡萄酒产业关键技术研究与示范"项目（2019YFD1002500）。

2. 本技术由西北农林科技大学完成。

3. 联系人张振文，邮箱 zhangzhw60@nwsuaf.edu.cn。

单位地址：陕西省杨凌示范区邰城路 3 号，邮编 712100。

桃树整形修剪新技术

一、功能用途

目前,我国桃生产中采用的主要树形有三主枝自然开心形、两主枝自然开心形、自然杯状形和自然纺锤形等,存在的主要问题是整形修剪技术相对复杂,未经培训的果农较难掌握;成形较慢,早期产量不高;树冠过分开张,承载力不够,进入丰产期后容易郁闭,致使果园劳作环境差,地面光照不良,不能生草;由于过分开张,树冠体积不大,光照及结果表面化,产量与品质矛盾突出等。近几年,在黄河流域桃产区部分桃园采用了主干形的整形方式,而且发展迅速。这种树形成形快,光照好,技术简单易掌握,投产早、见效快、产量高,受到果农欢迎。但是,主干形的不足之处是树势较难控制,特别是投产早期,要大量使用多效唑、PBO 等生长调节剂,给果品的绿色安全生产带来隐患。另外,主干形栽植密度高,用苗量大,也增加了建园成本。

半直立多主无侧高光效树形是一种传统整形方式与主干形修剪技术相结合创造的一种新的整形修剪模式(semierect, several scaffold branch, secondary-branchless,简称 3S)。该树形的主要优点:①顺应桃生长特性,成形快,易修剪。②半直立树形,不易郁闭,方便机械化管理;行间光照好,便于生草或间作。③树冠内光照好,立体结果,因此产量高,品质好。④技术简单,易掌握。

二、技术要点

1. 半直立多主无侧高光效树形的主要特点

①依据株行距不同,每株培养主枝 2～4 个,主枝上直接着生结果枝或小型结果枝组,一般无侧枝。

②每个主枝按主干形修剪管理,一般采用单枝更新。

③每个主枝均为半直立,主枝与垂直方向夹角为 20°～30°。

2. 该树形的整形修剪技术要点

①选择株行距与行向。建议株行距 1.2m×4.0m,每亩 138 株,每株留 2 个主枝;或株行距 2.5m×4.0m,每亩 67 株,每株留 3～4 个主枝。南北成行。

②定植当年,在萌芽前定干,干高 40～50cm,依据株行距大小,每株留

2 个主枝，分别向东、西方向延伸；或留 4 个主枝，2 枝朝东，2 枝朝西。通过拉或撑，使各主枝呈半直立状态，与垂直方向夹角为 20°～30°。

③保持每个主枝的顶端生长优势，及时处理（剪除、扭伤或重短截）影响主枝延长生长的"侧枝"。

④7 月中旬之后，树冠适量喷洒多效唑或 PBO，促进树体由营养生长向生殖生长转化，形成花芽，使主枝上的"侧枝"成为结果枝。

⑤冬剪时，一般采用长梢修剪，只疏除不适宜结果的粗旺枝、过密枝或病虫枝。

⑥第二年生长季夏剪，只需疏除不适宜下一年结果的粗旺枝（超过筷子粗度）。冬剪时，疏除当年已结果的"老枝"，当年新形成的结果枝留作下一年结果。以后每年都如此管理。

⑦技术关键：每年夏季修剪时，要及时疏除粗度超过筷子的粗枝，尤其是最上部的粗旺枝要及时剪除，谨防上强下弱。主枝高度保持与行距相当，约 2.5m，每年冬剪时将高出部分剪除。

三、技术来源

1. 本技术来源于"果树优质丰产的生理基础与调控"项目（2019YFD 1000100）。

2. 本技术由中国农业科学院郑州果树研究所完成。

3. 联系人王志强，邮箱 Wangzhiqiang@caas.cn。

单位地址：河南省郑州市管城区未来路南端郑州果树研究所，邮编 450009。

优质、熟期配套系列蟠桃、油蟠桃新品种栽培技术

一、功能用途

蟠桃是普通桃的一个变种，其外观独特、风味甘甜，深受消费者喜爱，王母蟠桃会更增加了蟠桃的神秘色彩。蟠桃的育种研发与推广应用，可以有效解决我国白肉普通桃市场占比过高，同质化严重造成经济效益不佳的问题。然而蟠桃果顶不闭合、易撕皮、果实小等特点限制了其发展；油蟠桃这些缺点更加突出，如我国唯一的油蟠桃地方品种单果重不足 40g。

针对上述问题，本成果建立并利用了蟠桃、油桃遗传多效性育种理论，以"奉化蟠桃"和"扁桃"为主要亲本，经过 3~4 代杂交，采用胚挽救技术，聚合了 15 个种质的优异性状，并利用与蟠桃性状 100％连锁的 SNP 标记进行辅助筛选与基因型鉴定，培育出不同成熟期的蟠桃、油蟠桃系列新品种，克服了蟠桃、油蟠桃裂顶裂核、果柄撕皮、产量偏低等缺陷，实现蟠桃和油蟠桃新品种果实品质与大小的协同突破。上述品种掀起了我国"蟠桃热""油蟠桃热"。如我国桃栽培第一大县山东蒙阴，"中蟠 11 号"和"中油蟠 7 号"占其蟠桃栽培面积 90％，价格是普通白肉桃的 2~3 倍。

该技术应用于蟠桃、油蟠桃系列新品种的栽培种植、树形管理、肥料施用等。适用于黄河、长江中下游流域，新疆北疆等地区。

二、技术要点

1. 新品种简介

"中蟠 11 号"，单果重 200g，大果重 420g。果肉黄色，硬溶质，肉韧致密，耐运性好，风味甜，固形物 15％~18％，粘核，郑州 7 月 20 日左右成熟；"中蟠 13 号"，茸毛短、漂亮，不撕皮，单果重 225g，大果重 400g。果肉厚、细腻，果肉橙黄，硬溶质，硬度一般，风味浓甜、香，固形物 13％，粘核，极丰产，郑州 7 月初成熟；"中蟠 17 号"，单果重 250g，大果重 420g。果顶平、肉质细腻、不撕皮。果肉橙黄，硬溶质，风味浓甜，固形物 15％，丰产，郑州 8 月上旬成熟；"中油蟠 5 号"，单果重 180g，大果重 250g。果肉黄色，硬溶质、致密，风味甜，可溶性固形物 14％。粘核，丰产，郑州 6 月下

旬成熟；"中油蟠7号"，果形扁平，单果重300g，大果重500g。果肉黄色，硬溶质、致密，风味浓甜，固形物16％，品质上。粘核，丰产，郑州7月中旬成熟。有裂果，须套袋栽培；"中油蟠9号"，单果重200g，大果重350g。果肉黄色，硬溶质、致密，风味浓甜，可溶性固形物15％，品质上。粘核，丰产，郑州7月上旬成熟。有裂果，须套袋栽培。

2. 关键栽培技术

①选择适宜栽培区：黄河流域是中蟠和油蟠系列品种的适宜栽培区，长江中下游流域可种植"中蟠11号"和"中蟠13号"；环渤海湾地区，以露地栽培"中油蟠5号""中油蟠7号"和"中油蟠9号"为主，"中蟠17号"有冻害；设施栽培的主要以"中油蟠9号"和"中蟠13号"为主。新疆北疆须进行匍匐栽培。

②保持树势中等偏旺：保证树势中等偏旺，果实部位以树体中外围为主，但要藏在树叶下，在不套袋情况下，让树叶为果实打个伞，避免果实被阳光直射，果面更为干净。

③进行套袋栽培：建议中油蟠系列品种进行套袋栽培；果袋以外黄内黑（或红色）、内质腊质为宜；套袋时直接将果实封口在果枝上。生产金果，带袋采摘；生产红果，解袋后3～5d采摘为宜。

④强化有机肥施用：除了基肥外，在果实成熟前30～50d施用饼肥，可有效提升固形物含量，保证风味品质的充分发挥。

三、技术来源

1. 本技术来源于"果树优异种质资源评价与基因发掘"项目（2019YFD 1000200）。

2. 本技术由中国农业科学院郑州果树研究所完成。

3. 联系人王力荣，邮箱 wanglirong@caas.cn。

单位地址：河南省郑州市管城区未来路南端中国农业科学院郑州果树研究所，邮编450009。

晚熟大果型黄肉蟠桃新品种
"瑞蟠101号"栽培技术

一、功能用途

我国蟠桃品种少，并且存在着品质差、产量低，果实易烂顶裂核等问题，急需通过品种创新满足产业需求。到目前为止，我国蟠桃育成品种基本是白肉类型，黄肉很少，尤其晚熟大果型黄肉蟠桃品种更为缺乏。近年来，黄肉蟠桃越来越受到消费者的青睐，市场价格高，效益好。本成果以增加蟠桃花色类型、延长市场鲜果供应期和提高蟠桃综合品质为育种目标，以"瑞光39号"为母本，"瑞蟠21号"为父本，在杂交的基础上通过杂种培育、鉴定、筛选和区试等程序培育成晚熟大果型黄肉蟠桃新品种"瑞蟠101号"，并在生产中示范应用。

该品种的育成使得蟠桃品种综合品质和商品性显著提升。果实大小比原有育成蟠桃品种提高了50%甚至1倍以上，果实着色面积增加了20%，保持了蟠桃风味甜的特性同时，增加了果实香味，果实硬度增大，提高了贮运性。克服了蟠桃品种果个小、着色差、易烂顶裂核、采摘易撕皮、不耐贮运、产量不稳定、生产中的晚熟黄肉蟠桃品种缺乏等缺点，育成了果型大、颜色鲜艳、风味香甜、硬度较高、综合性状优良的晚熟黄肉蟠桃品种。

"瑞蟠101号"先后在北京、河北、山东等桃主产省进行试验示范，结果表明其适应性好，果型大、丰产，优良性状稳定，填补了晚熟黄肉蟠桃品种熟期的空档，具有较高的商品价值，取得了很好的经济效益。目前市场售价是普通桃价格的3～5倍，很受果农和市场欢迎。该品种既适合露地大面积生产，也可用于高档、精品果种植，可为桃品种结构调整和更新换代提供更好的选择。

该技术应用于桃新品种"瑞蟠101号"的栽培种植、田间管理，适用于北京、河北、山东等我国北方桃主产区。

二、技术要点

"瑞蟠101号"是北京市林业果树科学研究院通过杂交育种培育而成的晚熟大果型黄肉蟠桃新品种。

1. 品种特征特性

果实扁平形，果实极大，平均单果重333g，大果重543g；果顶凹入，闭合较好，两侧较对称，采摘时梗洼处不撕皮；果皮底色黄色，果面80%以上着紫红晕，绒毛薄，果皮中等厚，不能剥离；果肉黄色，硬溶质，硬度较高，风味香甜，可溶性固形物含量13.7%。粘核。在北京地区9月上旬果实成熟，果实发育期150d。花蔷薇形，无花粉。树势中庸，树姿半开张。花芽形成较好，复花芽较多，各类果枝均能结果。丰产，盛果期亩产2 300kg以上，树体抗寒性较强。

2. 栽培技术要点

①推荐采用"Y"字形树形，株行距（2～3)m×（5～6)m。

②"瑞蟠101号"无花粉，可选择花期一致、生产价值较高的晚熟优良品种如"瑞蟠21号"或"瑞光39号"作为授粉树品种，"瑞蟠101号"与授粉品种按行向1：1相邻间隔种植。

③土壤管理建议采用行间自然生草，行内覆盖园艺地布或有机物料；秋后施用有机肥，春季桃萌芽前后施用一次袋控缓释肥，每亩施500～700包（每包95g，20%含氮量，N：P_2O_5：K_2O=2：1：2）。

④花期低温的年份需要人工授粉。疏果时按20～25cm的距离留果，通常长果枝留3个左右，中果枝1～2个，短果枝1个或不留，亩产量控制在2 500kg左右为宜；推荐果实套袋，外黄内黑纸袋应在采收前7～10d进行解袋。

⑤加强夏季修剪，控制徒长枝，改善通风透光，促进果实品质提高。

⑥采收前特别注意褐腐病和梨小食心虫、橘小实蝇的防治。

三、技术来源

1. 本技术来源于"落叶果树高效育种技术与品种创制"项目（2019YFD 1000800）。

2. 本技术由北京市林业果树科学研究院完成。

3. 联系人任飞，邮箱30768693@qq.com。

单位地址：北京市海淀区香山瑞王坟甲12号，邮编100093。

桃新品种与简约化栽培技术

一、功能用途

桃是广受消费者喜爱的水果之一。我国桃产量和面积均居世界首位，桃以其结果早、产量高、收益快等特点在我国农村产业结构的调整中具有举足轻重的地位。通过培育适应市场和消费者需求的优良品种，对现有的桃品种结构进行改良以及研究与推广桃树简约化栽培技术是桃产业发展的必然趋势。

从"秋蜜红"和"黄水蜜"桃的自然授粉实生后代中进行选择，结合胚培养和分子标记辅助选择技术，选育出 4 个优良品种。3 个不同成熟期鲜食黄肉桃。"豫金蜜 1 号""豫金蜜 2 号"和"豫金蜜 3 号"的育成，一定程度上弥补了黄河流域桃适宜栽培区市场上鲜食桃以早熟白肉桃为主的局面；极晚熟鲜食白肉桃"豫霜蜜"果实成熟期为 10 月中旬，一方面弥补了国庆节后的市场空缺，另一方面与同时期成熟的"映霜红"桃相比，其突出特点为不裂果。这 4 个品种在黄河流域桃适宜栽培区均适应性良好，且丰产、售价高（果园内售价 4.5～5.0 元/500g）。

基于"良种配良法"理念，本着"适度先进、节约投入、机械代替人工、简化工序"的原则，依托三个示范基地，重点示范推广自主培育的桃新品种及配套简约化栽培技术（育苗建园、土肥水管理、整形修剪、花果管理、病虫害防治、果实采后贮藏及商品化处理等），获批河南省地方标准 1 个。传统的桃产业是以劳力密集型和精耕细作型的生产方式为特点，推广具有"果品优质、栽培省力、用工高效、增收增效"等优点的桃树简约化栽培技术解决了严重制约桃产业发展的瓶颈，该成果在河南省内原阳、尉氏、濮阳等黄河流域桃适宜栽培区的示范推广，产生了良好的经济效益和社会效益。

二、技术要点

1. 自主培育审定桃新品种 4 个

"豫金蜜 1 号"桃在郑州地区 7 月 10 号左右果实成熟；平均单果重 200g，最大果重 295g；果皮厚，易剥离；果肉黄色，可溶性固形物含量为 13.5%～15.2%；果肉硬溶质，离核。

"豫金蜜 2 号"桃在郑州地区 7 月 25 号左右果实成熟；平均单果重 220g，最大果重 307g；果肉黄色，可溶性固形物含量为 13.8%～15.9%；离核。

"豫金蜜 3 号"桃在郑州地区 8 月 5 号左右果实成熟；平均单果重 245g，最大果重 322g；果肉黄色，可溶性固形物含量为 13.9％～16.2％；粘核；耐贮运。

"豫霜蜜"桃在郑州地区 10 月 15 号左右果实成熟；平均单果重 335g；果面茸毛稀少，果皮底色黄白；果肉水白色；可溶性固形物含量 16.1％；果肉为偏韧硬溶质；果实耐贮运性强，室温条件下可贮放 10d 左右。

2. 集成桃简约化栽培技术

①园地选择与规划：选取土壤酸碱度为 pH4.5～7.5，地下水位在 1m 以下的平地或坡度不超过 20°的山地建园。根据肥水管理与机械化操作的要求进行规划，选栽品种遵循"适地适树"原则。栽植采用宽行密植，行距 4.5～5m（"Y"字形）或 3～4m（主干形），株距 1.2～1.5m，南北行向为宜。

②建园：栽植在落叶后至土壤封冻前（该时段最佳）或土壤完全解冻后到苗木萌芽前均可进行。采用机械化整地，挖深 60cm、宽 80～100cm 的定植沟，每亩施有机肥 2 000～3 000kg，混合均匀后回填、耙平并浇透水，或将有机肥均匀撒施后机械深翻混匀。挖深 30cm、直径为 30cm 的定植穴，栽植时边填土边提苗，填至根颈部在地面上 5cm 左右，踩实并浇透水。

③土肥水管理：推荐使用肥水一体化进行灌溉施肥。

④树体管理：推荐使用主干形和"Y"字形树形进行快速整形。

⑤花果管理："保花保果"以加强桃园的综合管理、创造良好的授粉条件及花期喷布微量（盛花期叶面喷施 0.3％硼砂）等措施为主，"疏花疏果"原则是越早越好。生长期适当控制树势（夏剪或化学控制），减少生理落果。

⑥病虫害防控：以农业防治和物理防治为基础，结合生物防治。

⑦果实采收：根据品种的成熟期及特性、销售距离的远近和采后用途确定采收时期。采前不宜灌水，不宜在雨天、有雾时和露水未干时进行采收，避免炎热中午前后采摘。

三、技术来源

1. 本技术来源于"多年生园艺作物无性系变异和繁殖的基础与调控"项目（2018YFD1000100）。

2. 本技术由河南农业大学完成。

3. 联系人谭彬，邮箱 btan@henau.edu.cn。

单位地址：河南省郑州市农业路 63 号，邮编 450000。

果树穴贮滴灌技术

一、功能用途

本成果是一项针对山地丘陵、干旱区及半干旱区多年生果树进行高效节水及精准施肥提出的一项新技术。该技术将目前常规的地表滴灌技术与果树穴贮肥水技术进行了有机结合，可以在进行节水灌溉的同时，实现化肥与有机肥的高效配合及精准化使用，达到节水节肥，提高果园局部土壤有机质含量，提升果实品质的目标。

与传统办法相比的创新点：

①对果树传统用有机肥成分、结构、使用方式进行优化，通过有机肥负载滴施的化肥离子以充分发挥有机肥缓释，化肥速效的作用，实现果树生产中有机肥与化肥 $1+1>2$ 的效果。

②传统滴灌只解决了化肥使用的精准化，本项技术实现了果园施肥过程中有机肥的精准化使用的问题。通过单株果树有机肥和化肥的精量化使用，最大限度发挥有机肥和化肥的作用。

③本项技术较传统的缓释性肥料在改良土壤方面效果更好，成本更低，更能与农户现有的生产方式进行融合，农户接受程度更高。

本技术主要解决我国果园有机肥含量低，滴灌条件下果园次生盐渍化、果树根系上浮、吸收根减少、抗逆性差、果实品质下降的问题。

适用的范围区域：多年生果树均可使用，在山地丘陵、干旱、半干旱区土壤贫瘠、有机肥缺乏、旱涝不均的果园效果更为明显。

二、技术要点

使用方法：该技术主要用于多年生果树，在有滴灌条件及无滴灌条件的果园均可使用。主要包括了有机肥制作、压制有机肥砖、打孔、填埋有机肥砖、覆土、滴灌带安装、试水完成几项工作。

该技术针对有滴灌条件及没有滴灌条件的果园设计为两条关键步骤：

①在有滴灌条件的果园首先加载液体肥施肥罐，在每株果树根部利用自动打洞机打一孔洞（距离果树基干距离 30cm，孔洞直径约为 30cm，深 30～40cm），将有机肥按照一定的成分压制成砖块状或球形（旱区可制作成纳米抑盐缓释保肥砖），然后放入打好的孔洞中，每孔洞根据生产实际情况，放入的

有机肥量均一致，后将孔洞机械化填埋。在孔洞的上部接入已有的滴灌带，如田间已有小孔出流系统的可以结合使用。最后根据果树长势将滴施化肥量与有机肥进行结合配比使用，化肥用量在现有确定用量的基础上可降低10%～20%。

②在没有滴灌条件的果园：在每株果树根部利用自动打洞机打 2～4 孔洞（距离果树基干距离 30cm，孔洞直径约为 30cm，深 30～40cm），将有机肥按照一定的成分压制成砖块状或球形（旱区可制作成纳米抑盐缓释保肥砖），然后放入打好的孔洞中，每孔洞根据生产实际情况，放入的有机肥量均一致，后将孔洞机械化填埋。有机肥砖制作过程中加入保水剂、氮磷钾等化学性元素。

有机肥砖的技术指标：砖长 20～30cm，宽 10～15cm，高 5cm，单重 1kg左右。滴灌用有机肥砖主要成分比例为 0.60 有机肥、0.10 膨胀蛭石、0.05 改性蒙脱土、0.05 负载生物菌生物炭、0.20 熟土。在没有滴灌条件的果园为0.60 有机肥、0.05 膨胀蛭、0.05 改性蒙脱石、0.05 负载生物菌生物炭、0.05保水剂、0.10 尿素（氮含量 48%）、0.10 磷酸二氢钾（所述磷酸二氢钾中磷元素的含量为 52%，钾元素的含量为 35%）。

以上工作是在较理想状态下进行，在实际操作工程中，各地可根据实际情况，在有机肥来源、有机肥砖制作的型号、结构模式方面进行创新，做到成本降低、简便易用即可。

三、技术来源

1. 本技术来源于"果树果实品质形成与调控"项目（2018YFD1000200）。

2. 本技术由山东农业大学、新疆石河子大学完成。

3. 联系人郝玉金，邮箱 haoyujin@sdau.edu.cn。

单位地址：山东省泰安市岱宗大街 61 号，邮编 271000。

果蔬采后绿色保鲜技术

一、功能用途

本技术针对果蔬采收之后病害发生导致品质下降和损耗严重等问题，结合物理贮藏技术（低温、气调、光照处理等）、新型化学防控技术（壳聚糖、精氨酸等化学诱抗剂与低剂量化学杀菌剂结合使用）、生物防治技术等进行果蔬贮藏与物流过程中病害的绿色防控；并通过解决新鲜果蔬在采收、运输、商品化处理、贮藏、包装、销售等过程中的病害控制问题，实现果蔬采后全产业链中的病害综合防控。该技术较好地解决了因为大量应用传统化学杀菌剂而导致的在食品安全、环境安全和生鲜果蔬出口贸易等方面存在的安全隐患和抗药性问题。减少了果蔬采后损失，并提供优质、安全的果蔬产品供应市场。

二、技术要点

以柑橘果实为例

1. 库房清洁、消毒

果实入库贮藏前，应对贮藏库和用具进行彻底的清洁和全面的消毒灭菌处理，除去垃圾、残物。优先使用物理或机械方法进行消毒，化学消毒方法参照NY/T 1189方法执行。

2. 果实预冷处理

采收后的果实应尽快置于阴凉干燥处进行预冷，以散去田间热。

3. 果实分选

人工筛选，剔除腐烂果、伤病果、畸形果和大小不符合质量要求的果实。

4. 果实清洗和消毒

参照NY/T2721进行。各环节中所采用的消毒剂应符合GB 14930.2—2012的规定。

5. 防腐保鲜处理

果实宜在采收后24h内进行防腐保鲜处理。柑橘果实清洗消毒后，以自来水配制防腐保鲜剂，含1%可溶性壳聚糖、1.5% $CaCl_2$、$200\mu M$ L-精氨酸和乳化剂（AEO3，AEO7，AEO9和油酸，添加比例均为保鲜剂原液的5%），浸泡处理果实1min，浸泡处理后，自然晾干。保鲜处理用水的水质应符合GB 5749的规定。

6. 包装

新鲜柑橘果实的包装和标识应符合 NY/T 1778—2009 的要求；获得绿色食品认证并作为绿色食品销售的新鲜水果，其包装和标识还应符合 NY/T 658—2015 的要求。

单果包装：果实晾干后，装透明聚乙烯薄膜袋（柚类：0.015～0.030mm，其他柑橘类：0.010mm），装袋后拧紧袋口，袋口朝下放置。

贮藏包装：用木箱或塑料箱做柑橘贮藏包装箱，装箱时箱体内最上层留有 5～10cm 高的空间，每箱装果 15～25kg 为宜。

7. 贮藏堆码

若在处理间堆码，应采用木制托盘、水泥柱条或砖等垫垛底。堆码时通风要求：垛宽一般不超过 200cm，垛底垫高 10cm 以上，垛距四周墙壁 10cm 以上，距库（棚）顶 40cm 以上，垛间距离 20cm 以上，通道宽 60～80cm。若采用塑料帐处理堆码，应在帐底薄膜的上下两面铺垫纸板或帆布等保护材料。堆码高度根据处理场所及包装形式决定；以垛体稳固，不易倒垛，底层包装承重完好，不扭曲为准。堆码时通风要求以垛体不要太大，贮藏箱之间留些空隙为好。

8. 贮藏期管理

果实入贮后，应及时按产地、采收期、入贮期、等级等，填写产品货位标签。贮量大的库，还应填货位平面图。冷库和冷藏要求参照 SB/T 10728 规定执行。一般在入库前 2～3d，开启制冷机降温，将库房温度预先降至或略低于果实贮藏要求的温度（4℃±0.5℃），并将库房的相对湿度调整到柑橘贮藏要求的湿度范围。库内适宜温度、相对湿度、气体成分、平均风速控制参照 NY/T 1189 和 SB/T 10728 执行。

贮藏期间，应经常进库观察果实转色及病、烂情况。定期进库，随机在果堆中抽检 3～5 箱果，观察其果实转色情况。从中随机取 5～10 个果，检测果实硬度、可溶性固形物，以及果实有无冷害症状等，及时记录，发现情况，及时采取措施处理。

三、技术来源

1. 本技术来源于"特色经济林采后果实与副产物增值加工关键技术"项目（2019YFD1002300）。

2. 本技术由西南大学完成。

3. 联系人曾凯芳，邮箱 zengkaifang@163.com。

单位地址：重庆市北碚区天生桥 2 号，邮编 400715。

果树无性系优良砧木系列品种栽培技术

一、功能用途

砧木是果树生产的基础，是果树产业可持续发展的基础和保障。以苹果、梨、柑橘、桃等重大产业影响的经济作物为研究对象，围绕果树嫁接无性繁殖中砧木影响接穗性状发生变化的产业问题展开研究。鉴定筛选出一批能够调控接穗成花、抗逆、果实产量与品质等性状的果树无性系优良砧木，可应用于果园建设、老果园改造和春耕生产。

1. 苹果抗旱砧木"富平楸子"

西北黄土高原地区是世界苹果优生区之一，该区苹果栽植规模大、分布集中，其产量约为中国苹果总产量的 40%。但是由于该地区自然降水量少、季节性分布不均、蒸发量大，使得干旱已经成为限制该地区苹果发展的主要因子。苹果耐旱性在一定程度上取决于砧木。西北农林科技大学团队对多个苹果砧木进行盆栽控制土壤含水量等实验发现，与其他苹果砧木相比，在干旱胁迫下，"富平楸子"根系具有更大的生物量，保护酶活性更强，因此能更好地维持根系生长，抗旱性也更强，并且能够显著促进"金冠"等苹果接穗的抗旱性，非常适用于我国缺水的西北苹果产区。

2. 桃促进果实大小砧木"RS2"

果实大小是诸多水果外观品质和产量的重要指标，也是果树育种的首要选育因素之一。中国农业科学院郑州果树研究所团队从本土资源杂交后代中筛选获得一个优良的桃砧木资源"RS2"，调查发现与对照"毛桃"相比，"RS2"能够显著促进接穗"中油金铭"果实的大小发育，初步证实"RS2"砧木可以有效促进桃果实大小，具有一定的经济效益，适用于我国华北、华东等桃主产区应用。

3. 樱桃早花砧木"京春"系列

早花砧木在一定程度上能够促进接穗提早 1～2 年进入盛果期，且促使接穗丰产，具有一定的经济价值。北京市林业果树科学研究院团队利用中国本土的中国樱桃"对樱"和欧洲酸樱桃"CAB"杂交选育的"京春"系列砧木具有显著的促进接穗成花的特性，能够促使接穗提早进入盛果期，实现 3～4 年丰产，且该系列砧木具有很好的本土适应性，适用于山东、陕西等樱桃主产区推广应用。

4. 柑橘耐盐碱砧木"枳雀"

我国陕南和四川重庆一带柑橘产区土壤呈碱性，碱性条件下土壤铁元素螯合，极易造成柑橘缺铁黄化。华中农业大学柑橘团队在秦巴山脉发掘了一种柑橘野生资源，为枳和柚的杂交后代，名"枳雀"。在汉中城固县同一碱性土果园，以常用砧木枳为砧木的温州蜜柑缺铁黄化严重，而"枳雀"为砧木的温州蜜柑则表现正常，无黄化现象。研究表明"枳雀"根系可分泌有机酸增强土壤铁元素释放，从而表现极强的耐缺铁黄化特性。该技术应用于果树无性系优良砧木系列品种的砧木筛选、嫁接，适用于我国西北苹果产区、华北、华东等桃主产区，山东、陕西等樱桃主产区，碱性土柑橘产区等区域。

二、技术要点

筛选出的砧木："富平楸子""RS2""京春"系列、"枳雀"均为无性系繁殖砧木，嫁接植株整齐一致，可通过扦插的方式进行繁殖。扦插方式按扦插材料分枝插和根插两种，枝插又分为硬枝扦插和绿枝扦插。扦插方式可采用畦插或垄插，疏松的土壤一般用平畦扦插，黏重土壤可用高垄扦插。

生产中采用 2～3 年生的砧木苗进行嫁接，嫁接方法主要有芽接和枝接两类方法。春季嫁接时间一般在 4 月初至 4 月底，当砧木顶芽芽尖露白时进行。秋季多采用带木质部芽接，嫁接时间一般在 8 月底至 9 月中旬。

三、技术来源

1. 本技术来源于"多年生园艺作物无性系变异和繁殖的基础与调控"项目（2018YFD1000100）。

2. 本技术由中国农业大学、华中农业大学、西北农林科技大学、北京市林业果树科学研究院、中国农科院郑州果树所完成。

3. 联系人李天忠，邮箱 litianzhong1535@163.com。

单位地址：北京市海淀区圆明园西路 2 号，邮编 100193。

长江中下游多雨地区辣椒早春
避雨高效栽培技术

一、功能用途

辣椒是我国重要的特色蔬菜，年种植面积已超过 3 000 万亩，播种面积与产值居于蔬菜之首。长江中下游地区是我国春提早辣椒主产区，春季辣椒上市越早价格越高，效益越好，是发展辣椒产业提质增效的有效途径。然而我国长江中下游地区春季以低温阴雨寡日照天气为主，很不利于辣椒生产，植株生长缓慢，易徒长抗性差，经常发生冻害病害和死苗现象，对辣椒的产量和品质影响很大。利用大棚、拱棚等设施发展早春辣椒，能提早上市，提高产量，是春提早辣椒栽培的主要方式。但大棚成本高、投资大，基地固定，不能进行水旱轮作，病虫害发生越来越重，产量和品质一年不如一年，大大限制了该技术的规模推广应用。长江中下游多雨地区的辣椒早春避雨高效栽培技术有效解决了上述问题。该技术采用竹架拱棚种植早春辣椒，前期既可防雨增温保温，中后期又可避雨防晒，大大减少病害发生，促进辣椒生长，提早上市，既确保产品安全性，又显著提高了辣椒品质和产量；而且竹架就地取材，价格低廉，容易安装和拆卸，显著降低了辣椒生产成本，提高了种植效益，深受广大椒农青睐。近年来辣椒早春避雨栽培技术已在长江中下游多雨地区大规模推广应用，取得显著的经济效益和社会效益，为实施精准扶贫和乡村振兴战略作出了重大贡献。

该技术适用于长江中下游多雨地区。

二、技术要点

选择早熟、耐低温弱光且抗病能力强、不易徒长的品种，如"兴蔬皱辣 1号""兴蔬 301""丰抗 21""博辣红牛"和"博辣皱线 1 号"等。确定适宜的播种期和定植期，一般育苗时间以 10 月中下旬为宜，以湖南为例，湘西及湘北地区可略早播种，湘中以南地区可稍晚播种；次年 2 月定植，4 月即可上市。定植后避雨拱棚的搭建是该技术的关键技术，根据每垄按宽 2.5m 开沟（沟宽 0.5m）、垄面中间开小沟（宽 0.3m）而形成一垄两畦的模式，一般采用长 4m、宽 4～5cm、厚 1～2cm 的楠竹片做拱棚支架。沿畦面走向安装拱棚，拱架的两端直接插入栽培畦两侧，入土深度为 20cm 左右，拱间距为 1.0～1.2m，并分别在两端距拱棚 1.5m 处，各埋入一个地锚钩，拉一道细铁丝将拱架连为一体。选用 4m 宽、6 丝厚的棚膜，将膜覆盖在棚架两端分别固定在地锚上。将薄膜展开并覆盖棚架上后，拉直棚膜后分别固定在地锚上，棚架两边在两拱中间位置各埋入 1 个木桩，在拱棚中间用绑绳压实并将绑绳固定于木桩上。定植后 1 周内闭棚，保温保湿，尽量少揭棚；2 月底至 4 月初，注意防寒保温；生长期棚内温度超过 30℃ 要揭膜降温；4 月中旬以后直至采收结束，将棚膜揭起至棚腰处并固定。

4 月份即可采收第一批辣椒，依据采后的不同用途（鲜食、贮藏），采取不同的采收标准（成熟度、果实大小）适时无伤采收。需要贮藏或长途运输时，将辣椒按 10～15kg 的标准装入塑料薄膜包装袋，简单扎好袋口，入冷库贮藏（温度控制在 12℃），冷库地面洒水，使冷库中相对湿度保持在 90％ 左右。

三、技术来源

1. 本技术来源于"设施果实类蔬菜高产的生理基础与调控"项目（2019YFD1000300）。

2. 本技术由湖南省农业科学院蔬菜研究所完成。

3. 联系人李雪峰，邮箱 lxf276@126.com。

单位地址：湖南省长沙市芙蓉区远大二路 892 号，邮编 410125。

大棚春季番茄早熟栽培育苗光环境调控技术

一、功能用途

大棚春季番茄生产时，番茄育苗面临低温寡照等不利环境因素。育苗期太长容易形成"老苗"，育苗期短又压缩了果实收获的时间。对此，该技术主要通过 LED 补光结合芸苔素内酯处理提高光合作用和抗逆性，培育优质番茄大苗，促进定植后番茄果实早熟。与传统生产相比，该技术克服了低温寡照的限制，使育苗期提前，并提高大苗花芽分化的质量，延长了定植后果实的收获期。解决了由于大棚春季番茄定植时间晚导致的果实采收时间短、单产低的问题。该技术早熟栽培效益显著，能提高当季番茄果实总产量 10％以上。

该技术适用于长江中下游和华北地区大棚春季番茄生产。

二、技术要点

浙江大学经过多年努力，筛选获得了对于番茄生长发育最优的"补光配方"，研发的高光效 LED 适合在低温寡照下补光，提高光合作用，结合芸苔素内酯处理有助于提高植株低温抗性、减少病害发生，并促进花芽分化。该技术应用于大棚春季番茄早熟生产，克服了育苗期间低温寡照等不利环境的影响，增加早期产量的同时也延长了收获期提高单位面积的生产效率。技术要点如下：

①选择抗性强、适应性广的番茄品种，于 12 月中旬催芽、播种。催芽前利用 50～60℃温汤浸种进行种子消毒。

②准备育苗基质（基质配比，草炭：蛭石＝4：1，可混合一定比例复合肥）。

③种子萌发后播种于装满基质的 32 孔穴盘，浇透水。子叶展开前不施水肥，并保持苗床 23～28℃。

④在温室内悬挂安装 LED 补光灯（厂家，宁波格欣莱；型号 TX-200；长度 120cm；功率 200W），LED 的光谱组成要求红光（660～680nm）和蓝光（460～480nm），红蓝光的比例为 3：1，距离补光灯 50cm 处光强约为 $200\mu mol/m^2 \cdot s^{-1}$，温室内按照每亩 30 根灯管的密度安装，补光灯和苗床的

距离随植株的长势变化在 60～80cm 范围内可调节。晴天可采取 LED 早晚补光的方式，早上 6：00～8：00，傍晚 16：00～18：00 补光。阴雨雪天气则采取早上 8：00～傍晚 18：00 补光。LED 补光要注意与温度管理的配合，晴天白天保持 20～28℃，晚上保持 12～18℃；阴雨雪天白天保持 18～21℃，晚上保持 12～16℃。

⑤植株 3 叶 1 心期之前应适度控水蹲苗，之后每 2～4d 施用水溶性复合肥一次，开花前施用氮磷钾比例 15：10：10 复合肥，第一花序现蕾后改用15：20：15 复合肥。

⑥植株 3 叶 1 心期之后处理芸苔素内酯有利于增强抗性、提高光合作用、促进花芽分化。采用江西威敌公司生产 28-高芸苔素内酯（有效活性成分0.01%）。6 叶 1 心期之前处理浓度为稀释 2 500 倍，开花后处理浓度可以加大到稀释 1 200 倍。前期应控制处理浓度以防止侧枝生长过旺。可以在穴盘中插入小竹竿或竹签将植株固定，以防止喷药过程中植株倒伏。芸苔素内酯每 7d处理一次，可以与百菌清、阿维菌素等常规农药同时处理。

⑦LED 补光配合芸苔素内酯处理有促进根系发育和壮苗的效果，植株营养条件好容易导致侧枝过早发生的问题。可以根据当地气候环境条件调整育苗的密度或者调整营养液的浓度延缓侧芽生长。要及时除去第一花序下侧枝。

⑧番茄成苗的标准为株高 20cm 左右，主茎基部直径 0.6cm 左右，12～15片叶，叶色浓绿，叶面积指数 2 左右，根系发达且能紧密缠绕基质，无散坨现象。根据定植期的不同，可以灵活选择第一花序的去留。在三月初定植的，可以去除第一花序，防止育苗后期植株长势变弱。

三、技术来源

1. 本技术来源于"园艺作物设施生产关键技术"项目（2019YFD1001900）。

2. 本技术由浙江大学完成。

3. 联系人夏晓剑，邮箱 xiaojianxia@zju. edu. cn。

单位地址：浙江省杭州市余杭塘路 866 号，邮编 310058。

适于机械化操作的日光温室黄瓜栽培技术

一、功能用途

该技术是针对当前设施黄瓜种植行距小，采摘、植保等农业机械难以进入行间，以及通风不良引起的病害严重等问题，研发的适于机械化操作的设施黄瓜栽培技术。基本特征是操作简单，工作方便，采摘、植保等小型机械可进入行间，从而大大减轻劳动强度，提高劳动效率。该技术所采用的措施是加大日光温室或大棚黄瓜栽植行距，减小株距，保持单位面积株数不变，可在不影响产量的前提下，实现机械化操作。与传统栽植模式相比，该技术不仅实现了农机与农艺的有机结合，而且可减轻病害，提高设施黄瓜光能利用效率，有效地解决了设施蔬菜机械化水平低、人均管理面积小、生产效率低等问题，同时可减少农药用量，提高产品质量，有利于实现设施蔬菜安全生产。

该技术适用于北方日光温室和大棚黄瓜周年生产。

二、技术要点

该技术的核心是通过"扩行缩株"，合理配置株行距，在不影响产量的前提下，实现机械化生产。可采用起垄和高畦双行栽培两种方式。

1. 起垄栽培

将黄瓜大行距由原来的 70cm 增加至 100～110cm，小行距不变，仍为 50cm，而株距由原来的 30cm 缩小至 23～25cm，单位面积株数不变，即每亩栽植 3 500～3 800 株。

2. 高畦双行栽培

做宽 55～60cm，高 20cm 左右的高畦，畦间距 90～100cm，每畦定植两行，行距 40～50cm，株距 22～25cm，每亩栽植 3 500～3 800 株。每行铺设一条滴灌带，水肥一体化栽培模式，常规管理。株行距合理配置可大大改善黄瓜下部叶片的光照条件，光能利用效率显著增加，从而促进了叶片有机碳的转化和干物质积累，果实品质明显提高；同时由于改善了通风透光性能，植株的发病率和病情指数均显著降低。高畦双行栽培还具有方便覆膜，滴灌渗水地温均匀等优点，可促进根系生长，提高水肥利用效率。

三、技术来源

1. 本技术来源于"园艺作物生长发育对设施环境的响应机制与调控"项目（2018YFD1000800）。

2. 本技术由山东农业大学完成。

3. 联系人艾希珍，邮箱 axz@sdau.edu.cn。

单位地址：山东省泰安市岱宗大街 61 号，邮编 271018。

西瓜甜瓜嫁接苗集约化生产技术

一、功能用途

嫁接是提高西瓜甜瓜对土传病害和逆境抗性的重要措施。华中农业大学研发了适合西瓜甜瓜嫁接苗集约化生产技术，包括高效断根嫁接技术、壮苗培育技术、高效愈合技术和健康种苗生产技术。与插接相比较，采用断根嫁接可提高生产效率45%，断根嫁接苗对低温的适应性更强；提出了嫁接苗壮苗培育的LED参数，研发了适合嫁接苗高效愈合的光/温双梯度育苗技术，制定了西瓜甜瓜嫁接苗健康种苗生产技术规程。

二、技术要点

1. 砧木选择

选择嫁接亲和力好、共生性好、无检疫病害、抗逆性强、对果实品质无不良影响的砧木。葫芦和南瓜是西瓜嫁接常用砧木种类，主要品种有"京欣砧1号""拿比砧""FR-将军""青研1号"等。南瓜和甜瓜本砧是甜瓜嫁接常用砧木，主要品种有"小拳王""新土佐""圣砧1号""京欣砧3号""科鸿砧1号"等。

2. 种子消毒

对可能带有病毒病的种子，将干种子置于72℃恒温干热条件下处理72h（不含在处理前将种子逐步升温处理降低含水量的时间），可有效钝化病毒。也可用10%的磷酸三钠溶液或1%的高锰酸钾溶液浸种10~15min，捞出后在水中清洗干净。对可能带有细菌性果斑病病原菌的种子，可用100倍福尔马林浸泡种子30min，或用300~400倍春雷霉素浸泡种子30min，或用72%农用硫酸链霉素2 000倍液浸泡30min，或用苏纳米80倍液浸泡种子15min，再用清水将种子彻底冲洗干净。

3. 嫁接方法

顶插接：去除砧木真叶和生长点，插入嫁接签，嫁接签紧贴子叶叶柄中脉基部向另一子叶叶柄基部成45°左右斜插，插孔深度为嫁接签稍穿透破砧木下胚轴皮层，嫁接签暂不拔出。削接穗，拔取接穗苗，距子叶基部下方0.5~1.0cm处，斜削一刀，斜面长0.7~1.0cm。将接穗插入到砧木中，拔出嫁接签将接穗斜削面向下插进砧木插孔，接口紧实，砧木子叶与接穗子叶交叉成

"十"字形。嫁接后将穴盘苗迅速移入嫁接棚管理。双端根嫁接：砧木断根，将砧木子叶节以下5～7cm处用刀片将胚轴切断，去除砧木真叶和生长点，插入嫁接签，削接穗，将接穗插入到砧木中。断根嫁接苗回栽，将嫁接苗插入到装满基质的穴盘中，移入嫁接棚管理。

4. 嫁接后的管理

温度管理：嫁接后1～3d昼温保持28～30℃，夜温23～25℃。4～6d昼温26～28℃，夜温20～22℃。其后温度管理随着嫁接苗生长逐渐降低，昼温22～25℃，夜温18～20℃。当西瓜苗长至1叶1心时，夜温可保持在16～18℃。育苗期间如温度过高宜用遮阳网降温或适当通风降温，保持温度在32℃以下。

湿度管理：总原则是"干不萎蔫，湿不积水"。嫁接后1～3d，以保湿为主，但接穗生长点不应积水。可用塑料薄膜包裹嫁接苗保湿。嫁接后4～5d，应逐渐通风透光，通风时间以接穗子叶不萎蔫为宜。10d后按一般苗床管理。

光照管理：嫁接后只要接穗不萎蔫，就应该尽可能增加光照。嫁接后1～3d，光照较强时白天覆盖遮阳网遮光，清晨傍晚适当见光，时间要短。3d后逐渐延长光照时间，1周后不需再遮阴。冬春育苗时，如遇低温雨雪或连阴天气，应适当补光。

除萌蘖：嫁接后应尽早多次去除萌蘖。

5. 嫁接苗的出圃

炼苗：嫁接苗出圃前7d逐渐降温锻炼，白天温度宜控制在20～25℃，晚上温度宜控制在15～18℃；控制浇水量。

出圃标准：嫁接苗砧木子叶完整，茎秆粗壮，嫁接处愈合良好，接穗真叶2～3片，叶色浓绿，根系缠绕基质、包裹性好，无病虫害。

三、技术来源

1. 本技术来源于"园艺作物设施生产关键技术"项目（2019YFD1001900）。

2. 本技术由华中农业大学完成。

3. 联系人别之龙，邮箱biezl@mail.hzau.edu.cn。

单位地址：湖北省武汉市洪山区狮子山街1号，邮编430070。

"沪香 F2" 工厂化制棒和生态化出菇生产技术

一、功能用途

"沪香 F2" 香菇品种是以 "YD1" 为材料,通过多孢自交手段选育的设施化、工厂化专用品。"沪香 F2" 属中温型、中菌龄型品种,菌龄 85d 左右,出菇适宜温度为 16～23℃,适合于代料设施化、工厂化生产。与传统香菇家庭传统作坊式生产模式相比,设施化、工厂化栽培更有利于优良菌种的推广,机械化的规模应用,实现周年化生产,极大降低了菇农的劳动强度,提高了经济效益。

二、技术要点

传统香菇产业发展受劳动力制约严重,操作烦琐,发展设施化、工厂化香菇生产能显著提高人均生产效率,但需用早熟(菌龄 90d 以下)、催蕾温差小于 5℃(传统栽培品种催蕾温差在 10℃ 以上)、两潮生物学效率高于 60％ 的品种。所以在挖掘优异种质 "YD-1""XR-1" 的基础上,应用分离群体构建、纯系选择和多元决定系数选择等技术,高效选育出短菌龄的 "沪香 F2",采收期较亲本提前 10d 以上,2～3℃ 小温差刺激即可出菇,两潮菇生物学效率为 60％,是我国首次育成的满足工厂化栽培需求的品种。在此基础上,构建了基于自动化制棒流和环境可控发菌的 "工厂化制棒和生态化出菇" 的生产模式,其关键生产环节的主要操作如下:

1. 栽培基质制备

称重:按计划生产数量和配方中各原料的比例准确称取质量。

干拌(一次搅拌):按照木屑→麦麸→木屑→麦麸→石膏的顺序将称重后的各种原料倒入搅拌机内,在未加水前充分拌匀。

湿拌(二次搅拌):干料搅拌均匀后,加水充分拌匀使含水量达到 50％～58％。

2. 装袋

采用装袋机装袋,要求料棒紧实,袋无破损。装料结束后机械扎口,要求袋口扎紧不漏气。扎口后在距料棒底部 1/4 处扎一小孔,贴上通气胶带。用眼观、手摸方法，发现料棒微孔后，用通气胶带粘贴。

3. 灭菌

装好的料棒要及时灭菌，一般采用高压蒸汽灭菌。高压蒸汽灭菌器需先排尽柜内冷空气，然后关闭排气阀，当灭菌温度上升至 112～118℃ 时，保持330min 以上。

4. 冷却

灭菌后的料棒移入 18～20℃、净化等级为十万级的冷却室，冷却至 27℃以下。

5. 接种

采用接种机接种，接种前对接种机、传送带、操作人员双手、菌种外袋进行全面消毒，接种后使用透明胶带或外套袋封住接种孔。

6. 培养

培养室应干净、干燥、通风、避光。使用前 48h 地面清洗干净，晾干后喷洒消毒液，使用前 24h 进行臭氧消毒。温度一般控制在 21～23℃，菌棒中心温度不超过 26℃，二氧化碳浓度控制在 0.35％ 以内。培养期间一般进行两次刺孔操作，一刺为人工刺孔或机械刺孔，当菌落直径 10～15cm 时，每个接种口刺孔 5～10 个，孔深 1.0～2.0cm；二刺为机械刺孔，当菌丝刚满袋时，每袋刺孔 60～100 个，孔深 3.0～5.0cm，刺孔应排列整齐，间距均匀。接种后7d 进行第一次检查，15d 进行第二次检查，25d 进行第三次检查。菌丝满袋后调控温度、湿度、光照及通气等条件促进转色：一般温度 23～25℃、空气相对湿度 60％～80％、光照强度 50～200Lux、每天光照时长不少于 12h、二氧化碳浓度 0.35％ 以下。

7. 出菇

培养好的菌棒根据各地的气候条件在香菇专用大棚中进行设施化立体栽培出菇，一般可采收 3～4 潮菇。

三、技术来源

1. 本技术来源于"园艺作物设施生产关键技术"项目（2019YFD1001900）。

2. 本技术由上海市农业科学院完成。

3. 联系人于海龙，邮箱 yuhailong_01@126.com。

地址：上海市奉贤区金齐路 1000 号 12 号楼 207 室，邮编 201403。

设施蔬菜土传病害综合治理技术

一、功能用途

当前，设施蔬菜生产中连作障碍和土传病害日益严重，极大地制约了我国蔬菜产业的可持续发展、扶贫攻坚和新农村建设。长期以来，国内外一直将"有害生物"置于防控的中心位置，导致防治实践事倍功半，效果差强人意。本研究团队发现，我国设施蔬菜土传病害严重发生主要是由于长期掠夺性经营和不合理的耕作措施导致土壤有机质含量大幅下降、物理结构劣化、矿质营养严重不平衡、有害生物增加，进而造成植株长势衰弱、易感，加之病原物不断累积、毒力不断增强加剧了各类病害的发生。基于上述理论，本项目研发了以"蔬菜健康栽培管理"为核心的土传病害综合治理技术体系，一方面减少病原物的累积和侵染，同时更加注重设施蔬菜土壤改善，增强寄主抗性和促进生长。

近10年本项目研发了20余个有机肥、微生物制剂和功能性肥料产品，在山东、辽宁、内蒙古、山西、河北、河南、青海和宁夏等设施蔬菜主产区进行了大规模试验、示范和推广，累计应用面积100万亩。结果表明，采用有机硫熏蒸剂结合日光消毒处理土壤可有效防控根结线虫病、枯萎病和根腐病等重要土传病害；在土壤消毒的基础上，进一步配合施用生物有机肥和生防菌基质育苗技术及生长期有益微生物制剂追施技术，基本可以解决设施蔬菜的死苗烂棵和根病问题；同时，平衡施用矿质营养、及时补充中微量元素可进一步起到壮苗和增产的作用；在具备条件的地方，应用土壤中秸秆降解的微生物强化技术，不但可以大幅增加土壤中的有机质含量、改善土壤物理结构，还可以提高地温和CO_2浓度，促进根系和植株发育，使果菜提早上市 $10\sim15d$；应用防治根结线虫病和根腐病等病害的淡紫拟青霉和粘帚霉微生物菌剂，田间防效可达60%以上。多地应用证明，综合实施上述技术蔬菜产量一般增加30%以上，农药和化肥用量比常规减少50%以上，亩增收 2 000～6 000 元，经济、社会和生态效益十分明显。

该技术体系可适用于全国各类设施蔬菜产区，尤其适合北方地区9月到次年5月温室栽培的番茄、黄瓜、辣椒、芸豆、西葫芦等蔬菜和草莓、西瓜、甜瓜等瓜果类作物。

二、技术要点

本技术体系包括以下三个部分:

1. 土壤消毒技术

在气候、蔬菜生长期和经济产出等条件允许的地方,对病害发生严重的地块采用棉隆熏蒸处理土壤,如能结合高温闷棚效果更好。处理前应清除残茬和病株,用于防治植物线虫,砂质和黏质土壤用药量分别为每平方米 6~10g 和 10~12g;防治病原细菌和真菌,两种土壤用药量分别为 15~20g 和 20~25g。使用时将药剂与适量细土拌匀,均匀撒施于地面,翻耕入 20cm 土层中;浇透水后覆膜,或者覆膜后浇透水。如结合高温闷棚,应将大棚用塑料棚膜覆盖严实。消毒 10~20d 后,揭膜,松土 2~3 次,即可移栽。

2. 生物肥料应用技术

根据防治对象,可选择使用相应的有益微生物制剂。对根结线虫,以施用淡紫拟青霉制剂为主,对真菌和细菌引发的各类烂根和萎蔫病害,以施用芽孢杆菌类制剂为主。施用技术可据情况选择如下一项或者多项。

①应用生物有机肥作底肥:可穴施、沟施或撒施。一般每亩施用量为 200~400kg。

②微生物基质育苗技术:在育苗时,将本技术体系中专用的育苗用微生物菌剂,按照 1∶1 000 的比例与育苗基质混合均匀,再按照常规育苗法进行播种和管理。

③土壤中秸秆降解的微生物强化技术:主要用于北方地区冬春季果菜类生产。按照每亩用菌剂 1kg、专用营养剂 5kg 和秸秆 4~5t。在种植行下挖深 30~40cm、宽 50~70cm 的沟,铺满秸秆并踩实,将菌剂与营养剂加适量水混匀,均匀施于秸秆上,再覆盖 15~20cm 厚熟土层,浇透水后待地面稍干再覆盖地膜,移栽秧苗,并在距离苗 10cm 处打孔,孔径约 1.5cm,苗期每株 2 个孔,坐果后每株须保持 4 个孔,随时保持孔的通透。

④蔬菜生长期有益微生物制剂追施技术:每 1~2 月追施一次,每次 2~3L 或者 3~5kg 复合微生物菌剂。

3. 矿质营养和水分管理

在土壤养分分析的基础上,大幅减少氮磷钾用量,特别是底肥和苗期用肥量和全生育期氮肥用量,在开花结果期适当增加磷钾肥的用量,并补充中微量元素。蔬菜生长期注意全程控水,建议在张力计显示为 20~30kPa 时开始浇水,宜少量多次,如地势低洼应注意排水。

三、技术来源

1. 本技术来源于"主要经济作物重要及新成灾病害绿色综合防控技术"项目（2019YFD1002000）。

2. 本技术由中国农业科学院植物保护研究所完成。

3. 联系人李世东，邮箱 sdli@ippcaas.cn。

单位地址：北京市海淀区圆明园西路 2 号，邮编 100193。

设施蔬菜每日肥灌（营养液土耕）栽培技术

一、功能用途

该技术是将无土栽培水肥管理理念应用于土壤栽培，核心技术是基于目标产量和作物不同生育阶段对水肥需求规律，每天供应水分和养分，保证作物根层水分和养分供应稳定。作物每天所需要的水分和养分通过营养液的方式定量供给，实现"水肥供应"与"根系吸收"同步，提高水肥利用效率，减少水肥的深层渗漏。该技术有效解决了生产中常规灌溉施肥引起的水肥浪费及潜在的环境污染风险问题，在保证正常产量（部分地区可实现增产）的前提下，节水30％以上，减少追肥氮用量50％以上。该技术需要配置水肥一体化设备，可以实现自动控制，提高管理效率，主要面向规模化生产的企业或设施蔬菜种植大户使用。

二、技术要点

氮肥推荐原则

氮肥推荐量采用下述公式计算：氮肥推荐量＝氮素供应目标值－定植前土壤中的无机氮－有机肥氮素供应。

①在不清楚土壤无机氮和有机肥养分带入量的情况，可按以下值估算：定植前土壤中的无机氮为2～4kg/亩，有机肥氮素供应量为3～4kg/亩。此时，氮肥推荐量（kg N/亩）＝氮素供应目标值（kg N/亩）－（5～8）（kg N/亩）。

②如果不清楚定植前土壤无机氮，则根据土壤肥力高低来估算该值：高6～8kg N/亩、中4～6kg N/亩、低2～4kg N/亩。

计算氮肥推荐量

以日光温室黄瓜为例，其氮素供应目标值如表1所示。

表1　日光温室冬春茬和秋冬茬黄瓜目标产量及氮素目标供应值

茬口	定植时间	拉秧时间	目标产量（kg/亩）	氮素供应目标值（kg N/亩）
冬春茬	2月上中旬	6月下旬7月初	8 000	40
秋冬茬	8月下旬9月初	12月底1月初	5 000	30

冬春茬氮肥推荐量（kg N/亩）＝40kg N/亩－8kg N/亩＝32kg N/亩；秋冬茬氮肥推荐量（kg N/亩）＝30kg N/亩－8kg N/亩＝22kg N/亩。

所需设备

蓄水池、水泵、定时器、滴灌设备。

具体操作

每茬基肥用量：商品有机肥：1.5～2.0t/亩（如果有机肥肥效较低，用量可以加倍，如牛粪或菇渣为主的有机肥）；复合肥（15-15-15）用量：25kg/亩。

定植水及缓苗水灌溉总量见表2，每茬黄瓜初花期可灌溉1～2次，每次灌溉量不超过25m³/亩。

黄瓜根瓜坐住后，进入初瓜期，可在蓄水池配制营养液，借助定时器与水泵进行每日营养液滴灌，营养液浓度及每日滴灌营养液用量见表2。

①肥料选择：建议施用果菜类蔬菜配方水溶肥，作物不同生育期肥料氮磷钾配方为初瓜期（20-20-20）、盛瓜期（19-8-27）、末瓜期（16-8-34）。也可整个生育期仅施用（19-8-27）水溶肥。

②肥料用量：配制营养液肥料用量（kg）＝营养液浓度（kg N/m³）×所需营养液量（m³）/肥料含氮量（%）。若整个生育期仅施用（19-8-27）水溶肥，不同生育期每日所需肥料的用量见表2。

③设置供水时间长短（min）：可设定为每天早晨定时供应营养液，供应时间长短依灌溉面积与水泵功率大小而定，经过试灌水可确定水泵在一定土地面积上单位时间的灌水量，进而可以按照表2每日灌溉量确定每日供液时间的长短（min）。

表2 日光温室冬春茬和秋冬茬黄瓜不同生育期每日需水需肥规律

茬 口	内 容	初花期	初瓜期	盛瓜期	末瓜期	全生育期
冬春茬	天数（d）	38	24	56	22	140
	需水总量（m³/亩）	38.0	28.3	124.3	25.7	216
	需氮总量（kg/亩）	3.8	6.1	17.8	4.4	32
	日需水量（m³/亩）	1.00	1.18	2.22	1.17	
	日需氮量（kg/亩）	0.10	0.25	0.32	0.20	
	营养液氮浓度（kg/m³）	0.10	0.22	0.14	0.17	
	水溶肥（19-8-27）总量（kg/亩）	20.0	32.1	93.7	23.2	168.9
	水溶肥（19-8-27）日需量（kg/亩）	0.53	1.34	1.67	1.05	

（续）

茬　口	内　容	初花期	初瓜期	盛瓜期	末瓜期	全生育期
秋冬茬	天数（d）	32	15	42	26	115
	需水总量（m³/亩）	33.1	12.9	39.2	17.7	103
	需氮总量（kg/亩）	5.0	9.7	5.4	1.9	22
	日需水量（m³/亩）	1.03	0.86	0.93	0.68	
	日需氮量（kg/亩）	0.16	0.65	0.13	0.07	
	营养液氮浓度（kg/m³）	0.15	0.75	0.14	0.11	
	水溶肥（19-8-27）总用量（kg/亩）	26.3	51.1	28.4	10.0	115.8
	水溶肥（19-8-27）日需量（kg/亩）	0.82	3.40	0.68	0.38	

三、技术来源

1. 本技术来源于"园艺作物设施生产关键技术"项目（2019YFD1001900）。

2. 本技术由中国农业大学完成。

3. 联系人高丽红，邮箱 gaolh@cau.edu.cn。

单位地址：北京市海淀区圆明园西路2号，邮编100193。

叶菜有机营养基质快速无土栽培技术

一、功能用途

叶菜是我国南方地区居民极为喜好的速生类蔬菜。但叶菜大多不宜长途运输和长期保存，市场供应只能依赖本地生产，加上过量施肥和用药，导致叶菜类蔬菜易累积硝酸盐和农药残留严重。在塑料大棚、日光温室等保护设施内，以有机营养基质为介质、穴盘为栽培容器进行叶菜无土栽培，可以有效解决上述问题。该技术由于与土壤隔离和施肥量较少，可有效克服土壤连作障碍，降低肥料和农药使用量。加之水肥供应充足，叶菜生长速度较快，产品鲜嫩、粗纤维含量少，可以实现高品质、无公害、清洁、绿色生产和周年均衡供应，有助于提高叶菜的产品质量和安全水平。

运用该技术进行叶菜生产，年采收 10 茬左右，单产水平较常规栽培提高 50％以上，生产效益提高 55％以上，不仅满足居民对新鲜蔬菜的需求，而且可促进农民增收致富。

该技术适合在长江流域、南方等地区进行生产应用。

二、技术要点

1. 生产设施选择

叶菜生长速度快、周期短，对环境适应能力强，连栋温室、塑料大棚、中小拱棚以及防虫网室等保护设施，均能满足叶菜栽培需要。夏秋季节正值高温多雨，需配上防虫网和遮阳网等简易设施，有利于防止病虫害发生，减少农药使用量。

2. 种植前准备

①品种选择，一般根据市场的需求和消费者的饮食习惯选择适宜的叶菜种类及品种，品种应综合考虑其抗病、抗逆性强、优质丰产、适应性广、商品性好等特性。

②穴盘，根据不同的产品目标选择合适规格的穴盘，如小白菜可选择 50 孔或 72 孔的穴盘，如果种植较大的生菜时，应选用 15 孔或 10 孔的

穴盘。

③基质，采用南京农业大学自主研发的有机营养基质作为栽培介质，或将草炭、珍珠岩、蛭石按比率混合配制，也可利用当地的工农业固体有机废弃物，经微生物发酵、无害化处理后，用于叶菜基质栽培，但适合栽培的基质，需满足一定的理化性状，如粒径 0.5～5.0mm，容重 0.1～0.8g/m³，总孔隙度 54%～95%，pH 6～7 为宜。

④直播或育苗，可直播，也可育苗后进行移栽。直播时每穴播 2～3 粒种子，待子叶长出后间苗，只留一株。但为了降低生产成本，提高栽培效果，最好先集中育苗后，再移栽。当幼苗长到两叶一心时，将长势良好，无病虫害的幼苗移栽于装有基质的穴盘中，移栽过程中尽量不要损伤根系，让根系垂直舒展定植在穴盘里。定植后 2～3d 避免阳光直射，提高移栽成活率。

规模化叶菜栽培生产时，需采用自动精量播种生产线，每穴单粒，要求种子饱满，均匀一致，纯度、净度、发芽率都在 98% 以上。

3. 栽培管理

①环境管理，昼夜温度应保持在 20～25℃/12～15℃，基质水分保持在 60% 左右的湿润状态。叶菜喜冷凉，温度高时要及时通风和打开遮阳网，配合使用防虫网，避免通风时有昆虫进入设施内部。

②水肥管理，温度较高时视气温和土壤湿润状况在早上浇一次水；阴雨天，减少浇水量或浇水次数，避免设施内湿度过大。有机营养基质栽培条件下，由于基质本身有一定营养，加之叶菜生长期短，对养分需求相对较少，一般情况下，定植成活后，每周施一次速效冲施肥（EC 为 1.5～2.0mS/cm），采收前一周停止施肥。

③病虫害，病虫害防治要坚持"预防为主、综合防治"的原则。常见的虫害有菜青虫、小菜蛾、地老虎、蚜虫等，主要通过在设施内悬挂黄色粘虫板，使用捕虫灯等物理手段进行防治，同时结合喷洒药剂和使用烟熏剂等化学手段加强防治。常见的病害主要为真菌类，应控制设施内湿度避免过大，化学防治时使用高效、低毒、低残留的农药。

4. 采收

实时采收非常重要，采收太早，口感较淡且产量低；采收太晚，纤维老化，口感较差。一般选择在清晨或傍晚进行采收，品质较好，商品性高。

三、技术来源

1. 本技术来源于"园艺作物设施生产关键技术"项目（2019YFD

1001900）。

2. 本技术由南京农业大学完成。

3. 联系人束胜，邮箱 shusheng@njau.edu.cn。

单位地址：江苏省南京市玄武区卫岗 1 号，邮编 210095。

设施果菜基施微生物菌肥
减肥提质技术

一、功能用途

将从植物根际分离筛选的优异固氮菌、溶磷菌、促生菌和拮抗细菌菌株单独扩繁后按照活菌数 1∶1∶1∶1 比例接种到载体基质，载体基质配制体积比为泥炭∶木炭粉∶农作物秸秆＝15∶2∶3，在 28℃条件下培养 7d，制成有效活菌数均≥108cfu/g 的功能型复合微生物菌肥。在设施栽培黄瓜、辣椒定植时按照 6kg/亩穴施或与有机肥混合作为基肥施入。传统的蔬菜生产重点以满足作物对化学营养元素的需求，依靠超量施用化肥胁迫作物根系吸收，提高产量。这种生产方式容易造成土壤营养比例失调、土壤次生盐渍化、土壤微生物多样性减少，导致连作障碍和土壤质量下降，造成作物减产、品质下降、土传病害严重等连作障碍现象发生。而功能性复合微生物菌肥本身肥力有限，主要是调节蔬菜根际微生态环境和提高土壤酶活性，利用微生物固氮和溶磷，减少化肥施用量，提高化肥利用率，减少化肥对农产品和环境的污染，促生菌能分泌 IAA，促进蔬菜生长。拮抗菌主要是对镰刀菌等病原微生物有抑制作用，减少有害真菌的繁殖，起到防止土壤退化和克服连作障碍等作用。

在日光温室栽培黄瓜、辣椒时增施功能性微生物菌肥，可促进黄瓜、辣椒茎叶生长，产量增加 10%～15%，黄瓜、辣椒果实维生素 C 提高 15% 以上，可溶性糖提高 7% 以上。

该技术适宜在北方设施蔬菜栽培中推广应用。

二、技术要点

微生物菌肥主要依靠具有活性的有益微生物发挥作用，因此，保存温度不能超过 30℃，空气相对湿度 60% 以上，避免阳光直射。可单独或与农家肥混合做基肥，按照 6kg/亩穴施或与有机肥混合作为基肥 1 次施入。保持土壤湿润有利于有益微生物生长。

三、技术来源

1. 本技术来源于"园艺作物设施生产关键技术"项目（2019YFD

1001900)。

2. 本技术由中国农业大学完成。

3. 联系人侯栋，邮箱 houdong215@163.com。

单位地址：北京市海淀区圆明园西路 2 号，邮编 100193。

潮汐式立体栽培设施配套技术

一、功能用途

该技术是一套高效实用型设施无土栽培技术。该技术包括潮汐灌溉专用栽培床床面材料的选择及加工工艺、潮汐灌溉栽培床床面结构设计以及大面积潮汐灌溉栽培床床面拼接方式、配套的适用于栽培槽的"A"字形栽培支架、配套的适用于潮汐式灌溉栽培基质配方和营养液管理方案等。该系统及其配套技术可减少水资源浪费，降低蔬菜生产的成本。与现有鲁SC栽培槽相比，定植于潮汐式立体栽培设施的"四倍体矮脚黄"光合作用强，生长速度较快，生物积累量较大，能显著提高38.4%的商品产量且亚硝酸盐含量较低。该技术有效解决了目前国内无土栽培设施灌溉系统容易淤堵、造价高，不宜推广等问题。

该技术适用于长江中下游地区叶菜类作物生产。

二、技术要点

潮汐式立体栽培配套技术中基质配方为蛭石∶珍珠岩＝2∶1。营养液配方中主要元素浓度为 N，18mmol/L；P，0.5mmol/L；K，4.0mmol/L；Ca，1.0mmol/L；Mg，0.5mmol/L；S，0.5mmol/L，微量元素浓度依次为：Fe，2.8mg/L；B，0.5mg/L；Mn，0.5mg/L；Zn，0.05mg/L；Cu，0.02mg/L；Mo，0.01mg/L。

潮汐式立体栽培设施主要由营养液槽、"Ω"型分隔板、种植区、排液端、供液管、"U"型虹吸管、连通管以及活动插板共8部分组成，纵向截面整体呈"T"字形。配备"A"字形栽培架以及灌溉系统，主要包括营养液池、供水管路系统和回水管路系统。当开启水泵进行供液后，设备可以在15min之内快速供液至基质含水量的80%，当水位高于排液管顶部后产生虹吸，经虹吸管进入回水管路。潮汐式立体栽培设施的组装形式有两种：一种为立体栽培，适用于栽培叶菜类等小型作物；一种为平面栽培，适用于茄果类等较大型作物。立体栽培时每个栽培架上放置8个栽培槽，将栽培装置和各管路系统连接。平面栽培时栽培槽之间距离为50cm，并将栽培装置和各管路系统连接。另外，不管何种组装形式，同排相邻的两个潮汐式立体栽培设施可串联使用，每排的营养液均从该排第一个潮汐式立体栽培设施的供液口进入，从该排最后一个潮汐式立体栽培设施的虹吸管排出。栽培系统组装好之后，启动水泵，检查各连接处是否渗漏，各栽培设施中供液是否均匀，并检查回液是否流畅，确保整个栽培系统可以正常运行。

三、技术来源

1. 本技术来源于"园艺作物设施生产关键技术"项目（2019YFD1001900）。

2. 本技术由南京农业大学完成。

3. 联系人王健，邮箱 wangjian@njau.edu.cn。

单位地址：江苏省南京市玄武区卫岗 1 号，邮编 210095。

秋石斛花期调控技术

一、功能用途

秋石斛花期调控技术是以"三亚阳光"为材料研究出的花期调控技术，已经于 2019 年获得专利授权。该技术可以极大地促进秋石斛开花，提高秋石斛开花整齐度。该技术自发明以来，已经对海南许多秋石斛种植基地的多个秋石斛品种进行了生产性试验，得到了广大秋石斛种植者的一致认可。

二、技术要点

在秋石斛目标花期前 60d，采用植物生长调节剂 6-苄氨基嘌呤（6-BA）对秋石斛大苗进行叶面喷施和灌根处理。处理频度为 7d 1 次，使用总次数为 4 次，采用浓度梯度施用的模式，即第 1 次使用浓度为 200mg/L、第 2 次使用浓度为 150mg/L、第 3 次使用浓度为 100mg/L、第 4 次使用浓度为 50mg/L。每次每株叶面喷施 10mL 和灌根 20mL，合计每株施用 30mL。经过 6-BA 催花处理的"三亚阳光"和"红霞"最终抽花芽率分别达到 93.2％和 95.7％，畸花率相对较低，分别为 17.4％和 15.2％，作为商品花市场上是可以接受的。

三、技术来源

1. 本技术来源于"花卉高效育种技术与品种创制"项目（2019YFD1001000）。

2. 本技术由中国热带农业科学院热带作物品种资源研究所完成。

3. 联系人陆顺教，邮箱 lushunjiao2014@163.com。

单位地址：海南省儋州市宝岛新村，邮编571737。

重要花卉工厂化组织培养繁殖育苗技术

一、功能用途

组织培养技术具有繁殖率高、性状稳定、出苗整齐、周期短等优点，是目前设施花卉重要的育苗手段。本技术成果利用组织培养技术建立了月季及其近缘种（特别是微型月季及广泛栽培的食用玫瑰品种）快繁与再生体系；百合（部分野生资源及高价值商业品种）的试管鳞茎高效繁殖技术体系；兰花（蝴蝶兰，包括独立培育的"迷你象"蝴蝶兰品系）等工厂化组织培养繁殖育苗体系。该类技术已于 2019 在长江中下游地区、北京地区、南方地区应用。部分技术得到种苗生产商的认可及采纳。

二、技术要点

1. 月季组织培养技术

选取健壮的当年生枝条，取枝条中部半木质化带有饱满而未萌发的 1～2 个腋芽的茎段为外植体。将茎段置于流水下冲洗 2～4h，紫外线灭菌 20min，75％酒精振荡清洗 30s，5％～8％次氯酸钠浸泡 8～11min，无菌水振荡清洗 5 次，每次清洗至少 2min。培养条件为 25±2℃，光培养 14h/暗培养 10h，光照为 10 000Lux，从初代培养到生根培养均以此为条件。初代培养基为 MS＋蔗糖 30g/L＋琼脂 8.0g/L＋6-BA 0.5mg/L＋NAA 0.1mg/L＋GA3 1.5mg/L，pH 5.8～6.0。增殖培养基为 MS＋蔗糖 30g/L＋琼脂 8.0g/L＋6-BA 1.0mg/L＋NAA 0.1mg/L。最适宜的生根培养基为 1/2MS＋蔗糖 30g/L＋琼脂 8.0g/L＋NAA 0.3mg/L。在生根培养基上生长大约 1 个月后，待植株生长至侧根 3～5 条，长度为 4cm 左右时，在培养室揭去瓶盖炼苗，3d 后用清水冲洗除掉黏附在根上的琼脂，种植于基质为泥炭：珍珠岩 4：1（体积比）的营养钵内，营养钵规格 4cm×4cm×8cm，每个容器 1 株。种植一周后开始浇灌花多多水溶性 1 号平衡肥（N：P：K＝20：20：20）2 000 倍液，每周两次，见干见湿，浇则浇透，浇灌时间为上午 9 点。2 个月后观察，主根发育明显，生长健壮，成活率可达 98％。其间，每个月喷洒 2 次稀释 1 000 倍多菌灵溶液消毒灭菌。

2. 百合试管鳞茎高效繁殖技术

包括分化、增殖培养、养球培养以及组培苗移栽等 4 个技术环节。由于百合的繁殖材料常带有内生菌，如细菌感染不严重的组培苗可以选择将外层鳞片剥除，留芯部鳞茎单独接种于新的培养基上；若细菌污染严重，可以先剥除污染鳞片，将芯部鳞茎用 75% 的酒精浸泡 30s，无菌水冲洗 3 次，再用 2%～10% 次氯酸钠浸泡 8min，无菌水冲洗 3 次，用干净滤纸吸干水分后接种在新的培养基上。真菌感染消毒工作：若全部组培苗被真菌污染，则选择多菌灵浸泡 10min 后移栽；若只有部分组培苗被真菌污染，另一部分没有被污染，则用镊子避开真菌，将未被真菌污染的组培苗取出直接接种到新的培养基，无须修剪叶片及根系。若一周内没有产生二次污染，则可以正常接种。分化与增殖培养阶段的关键技术在于生长调节剂的种类、浓度及配比，通常采用 6-BA 和 NAA，依据不同的基因型加以调整。其中 6-BA 浓度在 0.5～2mg/L，NAA 浓度在 0.1～0.2mg/L。养球阶段的关键技术是蔗糖浓度，依据不同基因型设置浓度在 60～100mg/L 范围内。因为是高糖培养，易污染，应 35～40d 更换一次培养基。此外，若培养中出现褐化问题，则需要在培养基中添加一定浓度的活性炭。当组培球达到 0.6～1.0cm 时可进行移栽。移栽前需要在 4℃ 条件下冷藏 4～8 周（依据不同的基因型和培养基蔗浓度而定），移栽基质的进口草炭与珍珠岩比例以 2∶1 为宜。

3. 兰花工厂化组织培养繁殖育苗体系

"迷你象"蝴蝶兰组培关键技术采用以下成熟稳定的组培流程：

①获取外植体：从无病虫害健壮的母株上切下花梗，将花梗剪成 3～4cm 左右长度的带芽截段，剥去外鞘，用消毒溶液浸泡 3～4min，用清水冲洗 2 次（10min/次）后备用。

②诱导培养（无菌系的建立）：超净工作台上用 70% 酒精浸泡 10s，再转入 0.1% 升汞溶液中灭菌 10min，无菌水冲洗 4～5 次，用无菌纱布吸干后，将其切成 2cm 左右的节段，每个节段带一个芽苞，将花梗节段垂直接种到诱导培养基上（诱导培养基 MS＋6-BA 2.0mg/L＋NAA 0.1mg/L＋10.0% 椰子汁＋蔗糖 30g/L＋琼脂 7g/L，pH 5.5～5.8），每瓶培养基接种一个外植体防止交叉污染。培养室温度控制在 25～28℃ 之间，每天光照 12h。接种后一周左右腋芽萌动，40～50d 可伸长到 2cm 左右，之后可进行继代培养。

③继代培养（增殖培养）：继代培养基 MS＋6-BA 3.0mg/L＋AD 3.0mg/L＋10.0% 椰子汁＋蔗糖 30g/L＋琼脂 7g/L，pH 5.5～5.8，经 2～3 次继代后增殖数可达 3～4 倍左右。50～60d 转接一次扩大繁殖量。当继代苗达到一定数量后，可以进行生根培养。

④当蝴蝶兰无根苗长到高 2cm 左右时，可转移到生根培养基上培养（生根培养基 MS＋IBA 0.3mg/L＋NAA 0.05mg/L＋10.0% 椰子汁＋蔗糖 30g/L＋琼脂 7g/L，pH 5.5～5.8）。当叶数 3～4 片，叶长 3～5cm，叶宽 1～2cm，根长

2～5cm，根数 2～4 条时，即可放到温室大棚进行炼苗驯化培养，之后移植到杯或穴盘中。该技术诱导率可达 85％、增殖率达 250％、生根率达 98％，出苗移栽成活率达 90％左右。

三、技术来源

1. 本技术来源于"重要花卉种质资源精准评价与基因发掘"项目（2019YFD1000400）。

2. 本技术由华中农业大学、南京农业大学、北京林业大学、广东省农业科学院环境园艺研究所完成。

3. 联系人宁国贵，邮箱 ggning@mail. hzau. edu. cn。

单位地址：湖北省武汉市洪山区狮子山街 1 号，邮编 430070。

观赏百合新品种栽培技术

一、功能用途

观赏百合"精彩""耀眼""丰收""璀璨""光辉"是利用中国原生百合种质资源与现代观赏百合通过多代杂交、回交选育出的优质高抗观赏百合新品种，有很好的观赏性状。均属东方百合杂种系新品种，适宜作切花观赏栽培，也可作为庭院绿化百合品种。株高110～130cm，生长期12～14周；单株花苞数较多，周径为16～18cm的种球，花苞5～7个；花色分别为黄色、深粉、红、粉和白色；花期较长20～25d；抗逆性较强，对镰刀菌抗性强，耐雨水。正常季节栽培可在秋季、春季播种。切花种植密度1万株/亩；亩产鲜切花9 000支以上，注意脚叶保护，切花时尽可能留下一些茎基叶片，以保证种球二次利用率超过85％。

这5个观赏百合品种的选育，解决了观赏百合品种及种球长期依赖进口的问题，还可利用西南山区夏季冷凉的气候优势开展种球生产。该类品种可以用于景观、庭院种植，对旅游景观有很好的提振作用。同时对于完善我国百合产业链条，丰富产品类型，解决传统观赏百合依赖进口的被动局面有很大作用，大大减少了市场风险。

该技术应用于优质高抗观赏百合新品种"精彩""耀眼""丰收""璀璨""光辉"的切花栽培，适用于全国各风景区交通便利的城镇周边等地。

二、技术要点

保护地切花栽培技术。苗期遮光70％以上，夏季栽培需遮光50％。适宜凉爽而湿润的环境，不耐高温、盐碱、水渍。生长适温为15～25℃，高于30℃或低于10℃都会影响其生长发育，相对湿度60％～80％为宜。喜疏松肥沃、排水良好的土壤，pH 5.0～6.5，有机质丰富，疏松透气，地下水位不高于土表以下70cm。在南方地区为利于排水，宜起高畦栽种。定植后即灌透水1次，后保持湿润。定植3～4周后出苗，开始追肥，以氮钾为主，少施勤施。在生长盛期注意防治蚜虫、根螨等害虫。

三、技术来源

1. 本技术来源于"花卉高效育种技术与品种创制"项目（2019YFD

1001000）。

2. 本技术由中国农业科学院蔬菜花卉研究所完成。

3. 联系人明军，邮箱 mingjun@caas.cn。

单位地址：北京市中关村南大街 12 号，邮编 100081。

赏食兼用百合品种栽培技术

一、功能用途

赏食兼用百合品种"中国梦""黑珍珠""京辉"是利用中国原生百合种质资源与传统食用百合、现代观赏百合通过多代杂交、回交选育出有珠芽的优质高抗百合品种，均属亚洲百合杂种系，有很好的观赏性状，同时有很好的食用营养品质和口感。

该组百合品种株高 80～110cm，生长期较短，80～85d；单株花苞数较多，周径为 14～16cm 的种球，花苞 7～10 个；花色分别为橙黄色、暗红和黄色；花期较长，20～25d；抗逆性较强。鳞茎营养成分和生物活性物质含量较高。耐盐碱、抗病毒、抗逆性较强。鳞茎可食用，食品感官（包括风味、质地和香气）优于传统食用百合"龙牙百合"和"卷丹"，蛋白质含量也高于这两个品种，还原糖和总黄酮含量均高于"龙牙百合"，秋水仙素含量低，而粗多糖含量高。

正常季节栽培可在秋季、春季播种，种植密度 1 万株/亩；亩产鲜花花蕾 200～300kg，种球 1 000kg 左右。

该组百合同时具备观赏性价值和食用性价值。用于景观、庭院种植，对旅游景观有很好的提振作用。用于食用，对提升百合鲜食、加工等经济价值有很好的助力作用。解决了百合综合经济价值分离的问题，降低了传统百合生产和市场的风险。

该技术应用于赏食兼用百合品种"中国梦""黑珍珠""京辉"的切花栽培，适用于全国各风景区交通便利的城镇周边等地。

二、技术要点

保护地切花栽培技术。夏季栽培需遮光 50％。适宜凉爽而湿润的环境，不耐高温，生长适温为 15～25℃，高于 30℃或低于 10℃都会影响其生长发育，相对湿度 60％～80％为宜。喜疏松肥沃、排水良好的土壤，pH 5.0～6.5，有机质丰富，疏松透气，地下水位不高于土表以下 70cm。在南方地区为利于排水，宜起高畦栽种。定植后即灌透水 1 次，后保持湿润。定植 3～4 周后出苗，开始追肥，以氮钾为主，少施勤施。在生长盛期注意防治蚜虫。

三、技术来源

1. 本技术来源于"花卉高效育种技术与品种创制"项目（2019YFD1001000）。

2. 本技术由中国农业科学院蔬菜花卉研究所完成。

3. 联系人明军，邮箱 mingjun@caas.cn。

单位地址：北京市中关村南大街 12 号，邮编 100081。

百合种球种植开沟器

一、功能用途

百合是世界著名球根花卉。百合种球种植对种植的深度及株行距都有较高的要求，例如土壤深度 20～25cm，株行距 15cm×20cm 等。因此，百合种球种植开沟时，对开沟的深度和两沟之间的距离都有较高的要求。目前百合种球种植使用的开沟器为手持式开沟器，类似于锄头。开沟时由于手持把握不准，掌握不好开沟的深度，经常出现沟内深度不一的情况。而且使用手持式开沟器也不能保持直线开沟，经常出现沟槽弯曲的情况。无法保障两条沟槽之间的距离始终相等，也就无法保证种植的株行距相等。

百合种球种植开沟器是为高效快速进行百合种球播种，同时保证开沟的深度和株行距相等而研发的一种百合种球播种工具。

二、技术要点

本实用新型百合种球种植开沟器，包括支撑杆，所述支撑杆上垂直开设有通孔，所述通孔内套设有升降杆，所述升降杆一侧从上至下水平等间距开设有若干个第一螺纹盲孔，所述支撑杆一侧设置有第一固定螺栓，所述第一固定螺栓穿过支撑杆一侧螺接于第一螺纹盲孔内，所述升降杆下端设置有开沟铲头。与现有技术相比，本实用新型开沟器的有益效果是：使升降杆可以在通孔内上下升降调节高度，调节后再将第一固定螺栓穿过支撑杆一侧螺接进对应的第一螺纹盲孔内，使升降杆在通孔内固定，使开沟铲头的高度得到调节，便于调节开沟铲头的开沟深度，有利于对百合种球的种植。此外，开沟铲头为不锈钢材料，边缘铲刃与铲尖处设置有硬质合金层，使开沟铲头更加耐磨，延长使用寿命。

优选的，所述升降杆下端垂直开设有第一盲孔，所述第一盲孔内套设有固定杆，所述升降杆下端一侧设置有固定螺钉，所述固定螺钉穿过升降杆下端一侧螺接于固定杆内，所述固定杆下端安装有开沟铲头。

优选的，所述升降杆另一侧设置有刻度线，所述升降杆上端安装有手柄。

优选的，所述螺杆上端安装有转柄。

优选的，所述推杆外套设有防滑套。

与现有技术相比，本实用新型的开沟器有益效果是：通过支撑杆上垂直开设有通孔，通孔内套设有升降杆，升降杆一侧从上至下水平等间距开设有若干个第一螺纹盲孔，支撑杆一侧设置有第一固定螺栓，第一固定螺栓穿过支撑杆一侧螺接于第一螺纹盲孔内，升降杆下端设置有开沟铲头，使升降杆可以在通孔内上下升降调节高度，调节后再将第一固定螺栓穿过支撑杆一侧螺接进对应的第一螺纹盲孔内，使升降杆在通孔内固定，使开沟铲头的高度得到调节，便于调节开沟铲头的开沟深度，有利于对百合种球的种植；

通过支撑杆前端安装有前支撑杆，前支撑杆前端垂直开设有第二盲孔，第二盲孔内套设有转杆，转杆的前后方向上水平开设有第二螺纹盲孔，前支撑杆的前侧面设置有第二固定螺钉，第二固定螺钉穿过前支撑杆的前侧面螺接于第二螺纹盲孔内，转杆下端安装有前单向轮，当第二固定螺钉螺接进第二螺纹盲孔内时，前单向轮在开沟时保持单向运动，保证开沟时始终保持直线，保证两条沟槽之间的距离始终相等，保证在种植时株行距相同，当第二固定螺钉从第二螺纹盲孔内取出后，转杆可以在第二盲孔内转动，使前单向轮可以实现万向移动，便于开沟器的转弯行进；

通过支撑杆后端水平安装有后支撑杆，后支撑杆与支撑杆在同一水平面内位置垂直，后支撑杆的两端垂直开设有螺纹通孔，螺纹通孔内螺接有螺杆，螺杆下端安装有后单向轮，使前单向轮和两个后单向轮能够保证开沟器的位置水平稳定，防止开沟时出现沟内深度不同的情况，同时螺杆可以在螺纹通孔内旋转，使后单向轮在沟槽内移动时仍然可以使开沟器位置保持水平。

三、技术来源

1. 本技术来源于"花卉高效育种技术与品种创制"项目（2019YFD1001000）。

2. 本技术由沈阳农业大学完成。

3. 联系人陈丽静，邮箱 chenlijingsyau@126.com。

单位地址：辽宁省沈阳市沈河区东陵路 120 号，邮编 110866。

丰花型兰花新品种"四季花"墨兰栽培技术

一、功能用途

"四季花"墨兰是在野生墨兰驯化群体中选出的自然变异株，经分株繁殖选育而成。该品种具备株型小巧、多季开花和花色艳丽等特点。植株健壮，叶姿半直立，株高37.5cm，单苗有叶3.1片，叶长46.15cm，叶宽1.56cm，假球茎椭圆形，叶色光滑墨绿带不规则浅黄色斑纹；相对抗逆性、适应性较强。花葶挺立，高36.2cm，绿色；每葶着花6.9朵，排列较紧凑，花黄绿色带有红色纹线，直径4.76cm，清香。

与传统秋、冬季开花墨兰相比，"四季花"墨兰成苗易来花芽，抽梗较快，花期跨度大，一年可多次开花；8～9月为第一个盛花高峰期，之后可持续进行花芽分化，在10～11月以及12～1月分别为第二和第三个开花高峰期，整体赏花期可长达6个月。且花朵随温度变化呈现不同颜色，低温环境可使花色变红，温度越低，显色越强。通常5～10月开花时，萼片呈黄绿色带有红褐色条纹，花瓣呈黄绿色带有少量红褐色条纹，唇瓣为浅黄色带有浅红色斑点；11月至来年1月开花则萼片颜色为红色带有深红色条纹，边缘带有明显银边；花瓣浅粉色带有深色条纹，边缘有不明显的银边；唇瓣黄色变深且所带斑点变为深红色。植株分蘖能力和抗性较强。该技术应用于"四季花"墨兰的栽培、繁殖和病虫害防治，适合在玻璃温室环境下轻简设施栽培。

二、技术要点

1.增殖与分株

采用分株法繁殖，上盆时根据植株大小选适合的花盆，采用无土栽培的方法（与国兰其他品种种植一样），移栽时将根理直，用石子和花生壳填实使假鳞茎顶端与土面齐，不可过深或过浅，使土面中央高出盆沿呈球面，栽后浇透定根水。兰盆最好放在花架上，不要放在地面上。换盆分株时间最好在每年4～8月，错开花芽生长期。

2.营养生长期

生长初期新芽长出后根据生长情况，7～8d施1次薄肥，以N：P：K＝

60∶20∶20 的通用肥为佳，施肥浓度为 2 500 倍左右，施肥间隔 7～10d。此后营养生长期改成 N∶P∶K＝20∶20∶20 的通用肥，施肥间隔为一周左右。

3. 生殖生长期

每年 5 月花芽开始分化，7 月下旬其花梗伸长，8 月下旬始花，单枝（支）花期 1 个月左右。在这段时间可加施磷肥，施肥浓度为 800 倍左右。在冬季追肥间隔时间可稍长，仍以通用肥为主（以含有微量元素的为佳），浓度 2 000 倍左右。

4. 病虫害防治

"四季红墨兰"主要病虫害为炭疽病、软腐病、病毒病和蚧壳虫，防治药剂可用氧化乐果、波尔多液等，剂量依其说明书调配。5、6 月当新叶开叉口时，易受红蜘蛛为害，使心叶出现小红斑。

5. 环境条件

"四季红墨兰"喜温暖湿润的环境，冬季保持 3～7℃ 最宜，夏季以 25～28℃ 为合适，并喜好深厚、腐殖质丰富、疏松肥沃、透水保水性能良好的微酸性种植基质。8、9 月高温酷暑，其耐高光性较普通墨兰亲本强，不易被晒伤，但仍需要至少一层遮阴，以免造成叶片"烧边"或焦尖。

6. 通过分株繁殖法或组培栽培法可保持品种特性。

三、技术来源

1. 本技术来源于"花卉高效育种技术与品种创制"项目（2019YFD1001000）。

2. 本技术由广东省农业科学院环境园艺研究所完成。

3. 联系人杨凤玺，邮箱 fengxi_wei@163.com。

单位地址：广东省广州市天河区五山路金颖东一街 1 号，邮编 510640。

丰花型兰花新品种"如玉蝴蝶兰"配套繁殖栽培技术

一、功能用途

"如玉蝴蝶兰"是以"小飞象蝴蝶兰"为亲本进行自交，经单株选择、组培扩繁选育而成的蝴蝶兰新品种。该品种植株生长健壮，叶片厚实；开花植株平均花枝长 30.0cm、花梗直径 4.2mm，单株 3 梗率 65.3％，单梗花朵数 15.1 朵；花型圆整，花色浅紫红，花瓣具紫红色脉纹，花横径3.8cm、纵径 3.4cm。广州平地温室栽培 2 月上旬始花，通过空调或高山凉温处理可实现周年开花，花期长 2～3 个月，抗病性较强。

"如玉蝴蝶兰"是迷你型多梗多花蝴蝶兰新品种，可采用组培快繁和温室栽培进行种苗和成品的周年生产，丰富了蝴蝶兰品种结构，弥补了此类品种的不足，是符合市场发展趋势、受欢迎的新品种。

该技术应用于丰花型兰花新品种"如玉蝴蝶兰"的栽培、快繁。适用于全国温室条件下进行栽培。

二、技术要点

1. "如玉蝴蝶兰"组培快繁

①外植体的获取与消毒：选择无病虫害、健壮的有花梗植株，从母株上剪取花梗，带回组培室，将花梗切成长 4cm 左右的带芽截段，剥去花梗芽外鞘，清洗干净后的带芽截段在超净工作台上用 70％酒精浸泡 10s，再转入 0.1％升汞溶液中灭菌 10min，倒去灭菌液，用事先准备好的无菌水冲洗 4～5 次，用无菌纱布吸干后，将其切成 2cm 左右的节段作外植体，每个节段带一个芽，将花梗节段垂直接种到诱导培养基上，每瓶培养基接种一个外植体为宜，以降低外植体污染率。

②诱导培养：诱导培养基为 MS＋6-BA 2.0mg/L＋NAA 0.1mg/L＋10.0％椰子汁＋蔗糖 30g/L＋琼脂 7g/L，pH 5.5～5.8，培养室温度控制在25～28℃之间，前期暗培养一段时间，之后每天光照 12h，光照强度 1 000～1 500lux。

③增殖培养（继代培养）：在诱导培养基上诱导出侧芽萌发，转接到MS＋

6-BA 3.0mg/L＋AD 3.0mg/L＋10.0％椰子汁＋蔗糖 30g/L＋琼脂 7g/L 的培养基上进行增殖培养。培养温度 25～28℃，光照强度 1 500～2 000lux，光照时间 12h/d。50～60d 转接一次，不断切割以扩大繁殖，当继代苗达到一定数量后，可以进行生根培养。

④生根培养：当蝴蝶兰无根苗长到高 2cm 左右时，可转移到 MS＋IBA 0.3mg/L＋NAA 0.05mg/L＋10.0％椰子汁＋蔗糖 30g/L＋琼脂 7g/L 的培养基上进行壮苗生根培养。培养温度 25～28℃，光照强度 1 500～2 000lux，光照时间 12h/d。

⑤炼苗及移栽：当叶数 2～4 片，叶长 3～5cm，叶宽 1～2cm，根长 2～5cm，根数 2～4 条时，即可放到温室大棚进行炼苗驯化培养。炼苗大棚温度控制在 22～28℃，逐步适度增加光照强度，炼苗 20～30d 便可出瓶移栽。移栽时，取下瓶苗的瓶塞，用镊子将蝴蝶兰苗从瓶内夹出，放到清水中将附带的培养基清洗掉，再放到 0.5％的高锰酸钾溶液中消毒 30s 后捞出，晾干后用水苔作栽培基质，种在透明塑料小杯中。

2."如玉蝴蝶兰"温室栽培

①营养生长期：小苗用 4 000 倍，中苗用 3 000 倍，大苗用 2 500 倍的通用肥（N：P：K＝20：20：20）进行灌根，也可在苗期营养生长阶段施用适宜浓度的高氮肥促进生长，每 7～14d 1 次。小苗生长适宜温度 22～30℃，光照强度 5～10k lux；中苗和大苗生长适宜温度 20～30℃，光照强度 10～20k lux。生长期的适宜湿度 60％～80％。

②生殖生长期：为应春节开花，成熟大苗在 8 月中下旬上高山或空调凉温处理，9 月份花梗抽出，11 月上旬花梗生长到适宜长度时下山或停止空调凉温处理，置于温室继续栽培管理，通过控制温度，调节花梗生长和开花进度。抽梗期施用 2 500 倍高磷钾肥（N：P：K＝10：30：20），每 10～15d 1 次，夜/日温度 20/28℃，湿度 70％～85％，光照强度 12～25k lux。开花期可施用 4 000 倍的速效肥（N：P：K＝15：20：25）补充植株营养，每 15～20 天 1 次，温度控制在 18℃以上，以免造成低温消苞，湿度 60％～80％，光照强度 8～15k lux。

③病害防治："如玉蝴蝶兰"病害发生率低，软腐病的发生率为 2％左右，煤烟病发生率为 4％左右。可用 500 万单位农用硫酸链霉素 5 000 倍液和 50％代森锌 800 倍液交替喷雾防治软腐病的发生，煤烟病可用肥皂水擦洗叶片表面，并注意温室的通风透气。

三、技术来源

1. 本技术来源于"花卉高效育种技术与品种创制"项目（2019YFD

1001000）。

2. 本技术由广东省农业科学院环境园艺研究所完成。

3. 联系人吕复兵，邮箱13660373325@163.com。

单位地址：广州市天河区五山路金颖东一街1号，邮编510640。

月季新品种"爱神"栽培技术

一、功能用途

月季新品种"爱神"是以"爱"和"自由神"为亲本杂交选育获得，通过田间栽培鉴定优选出的高抗白粉病品种。该品种为明黄色，淡香；花型杯状四心，花瓣数 80 枚左右，花径 12cm，叶片中绿有光泽，株高 70cm 左右，株型直立紧凑。具有勤花性好、刺小而少、单朵花期长、耐寒和抗病虫性强等特点，并且在夏季高温期花朵依然具有较高的观赏价值，适宜在不低于—20℃区域范围推广应用，可作园林造景、庭院或阳台栽植。月季新品种"爱神"的育成为我国月季种苗繁育产业和城市园林绿化提供了新的品种选择。

该技术应用于月季新品种"爱神"的种苗繁殖、盆栽养护、病虫害防治，适用于我国气温不低于 20℃的区域。

二、技术要点

1. 种苗繁殖方法

"爱神"作为庭院和盆栽兼用型月季品种，其扩繁与其他月季品种的繁殖方法基本一致，可采用扦插和嫁接两种方式。其中，扦插繁殖可采取嫩枝"全光雾插"或薄膜覆盖保湿扦插，选取无病害生长健壮带有未萌发饱满芽茎段，茎段长度 8～10cm，用百菌清 1 500～2 000 倍液浸 5s，选用进口草炭、炭化稻壳或进口草炭＋珍珠岩 4∶1 等为扦插基质，采用穴盘或苗床扦插。扦插适宜温度 20～25℃，空气湿度保持 95％以上，扦插生根后腋芽萌发长至 5～10cm 左右可进行移栽。

2. 盆栽养护管理

扦插苗移栽后进入盆栽生产和养护管理阶段。栽培基质根据原料来源进行选择和配制，可选用进口草炭＋椰糠＋珍珠岩 5∶3∶2 或国产草炭＋椰糠 6∶4 等为盆栽基质。每 3～4 个月施用一次缓释肥（N∶P∶K＝14∶14∶14），根据盆的容积调整施用量，平均每升基质用量 3～5g，生长期 20～30d 补施一次速效冲施肥。进入初花期，为了不影响植株生长，打花蕾一次。在花期花朵凋谢失去观赏价值时及时修剪，修剪位置在花枝 2/3 处饱满腋芽上部，并根据株型调整修剪位置，及时修剪可促进新枝萌发。秋冬季休眠后保留 15～20cm 一级主杆枝 3～4 个，二级主杆枝 4～6 个，细弱枝剪除，二年生苗长至 3～4 个主杆枝时开始地栽或换盆。

3. 主要病虫害防治

①黑斑病防治。在阴雨高温季节时对黑斑病进行防治，预防或发病初期交替喷 75％百菌清可湿粉剂 1 000 倍液，或 45％噻菌灵悬浮剂 500～600 倍液，40％氟硅唑或 25％腈菌唑乳油 800 倍液，或 40％多硫悬浮剂或 50％炭疽福美可湿性粉剂或 50％复方硫菌灵可湿粉 800 倍液等，7～10d 喷 1 次，连喷 4 至 5次，可控制病害发生和蔓延。

②红蜘蛛防治。高温干燥季节红蜘蛛危害加重，需及时进行化学防治。可交替使用螨危 4 000～6 000 倍液、金满枝 1 500～2 500 倍液、爱卡螨 3 000～5 000倍液，每两周防治一次。

③蚜虫防治。在发生期，喷洒 50％灭蚜松乳油 1 000～1 500 倍液或 50％抗蚜威可湿性粉剂 1 000～1 500 倍液、5％溴氰菊酯乳油 3 000～5 000 倍液、10％吡虫啉可湿性粉剂 2 000～2 500 倍液，7d 一次，连续 2～3 次。

三、技术来源

1. 本技术来源于"花卉高效育种技术与品种创制"项目（2019YFD 1001000）。

2. 本技术由辽宁省经济作物研究所完成。

3. 联系人马策，邮箱 mace_laas@163.com。

单位地址：辽阳市白塔区胜利路 65，邮编 111000。

优质抗逆月季新品种栽培技术

一、功能用途

中国农业科学院蔬菜花卉研究所采用鉴定筛选出的抗逆强、花量繁盛的优异种质为亲本，开展杂交育种与种质创新，最新选育出 4 个庭院月季新品种"粉色回忆""红尘之恋""奶酪蛋糕"和"花木兰"。其中："粉色回忆"花粉色，丰花、勤花，抗性强；"红尘之恋"花暗红色，丰花、勤花，抗性强；"奶酪蛋糕"花色淡雅、香槟色，抗性强；"花木兰"花色艳丽，朱红色，抗性强。上述 4 个月季品种体现出花量繁盛、抗逆性强、种苗繁殖易生根、耐粗放管理的突出特点，受到了当地企业和种植户的青睐。本技术应用于上述 4 个优质抗逆月季新品种"粉色回忆""红尘之恋""奶酪蛋糕"和"花木兰"的栽培，适用于河南安阳、云南玉溪等区域。

二、技术要点

4 个月季品种的生长特性和抗性，适宜于以华北、华中、华东地区气候特点为主的我国广大地区栽培。生长最适气温为白天 10～32℃，夜间 10～15℃。最适宜生长的空气相对湿度宜 75%～80%，但稍干、稍湿也可。

主要采用扦插、嫁接进行繁殖。

①扦插繁殖。扦插前基质和扦插床需要进行严格消毒，扦插后注意温度、水分、光照和病虫害等的控制。生长季扦插在 5 月下旬至 9 月进行，选择当年生、腋芽饱满且无病虫害的枝条作为插穗，使用生根剂进行处理，控制温度在 22～28℃，湿度 85% 以上，插后 30d 可生根。休眠季扦插选择 11 月下旬至次年 3 月进行，阳畦或冷室扦插，扦插前期（30～60d）控制温度在 3～5℃，后期控制温度在 15～25℃，第二年春天即可得到扦插苗。

②嫁接繁殖。一般采用二年生野蔷薇作为实生砧木，在 9 月份进行露地嫁接，接穗选择当年生枝条中段饱满芽，进行芽接。至 11 月中旬即可获得贴芽嫁接苗。如用扦插砧木，可利用保护地扦插砧木，待生根后在 6～10 月均可进行嫁接。

定植土壤以排水良好的中壤为宜，pH 应在 6.5～7.2 之间。露地栽种应根据季节情况采用容器苗或裸根苗，在栽植条件适宜的条件下，建议栽植密度为 2～4 株/m²；如园林工程特殊需要，密度可以提高到 6～8 株/m²。该品种生长季免修剪，耐粗放管理，建议春季控制杂草，为保证成花效果及成花量，建议施用有机肥料或 N：P：K 比为 1：1：1 的复合肥料，上半年旱季需适时补充水分。

三、技术来源

1. 本技术来源于"花卉高效育种技术与品种创制"项目（2019YFD 1001000）。

2. 本技术由中国农业科学院蔬菜花卉研究所完成。

3. 联系人杨树华，邮箱 yangshuhua@caas.cn。

单位地址：北京市海淀区中关村南大街 12 号，邮编 100081。

低矮灌丛型紫薇新品种栽培技术

一、功能用途

"绿地毯"是利用屋久岛紫薇（Lagerstroemia fauriei）做母本，紫薇品种"Pocomoke"做父本杂交获得的紫薇新品种。其株型低矮紧凑，分枝多、枝叶细小、枝条平展；两年生苗株高约 0.3m，冠幅 40～50cm，覆地性极好，密不见地面，不开花，是优良的地被植物。

"蝴蝶舞"以"屋久岛"紫薇做母本，紫薇品种"Pocomoke"做父本进行杂交获得杂种后代后，选取杂交群体中株型正常的单株"B010"与"Pocomoke"回交获得的紫薇新品种。其为丛生灌木，自然分枝多、株型圆整、直立、花量大、花色粉红，三年生苗株高约 2m，冠幅 1.4～1.6m。

这两个紫薇新品种采用嫩枝扦插的方式繁殖，适合繁殖时期为 6 月下旬到8 月份，扦插成活后正常盆栽养护。

与传统紫薇品种相比，上述两品种株型特异，是做花篱和地被栽培的理想材料，丰富了现有紫薇品种的园林应用类型，为紫薇园林绿化苗木生产提供了新材料。

该技术应用于两个低矮灌丛型紫薇新品种"绿地毯"和"蝴蝶舞"的栽培、繁殖，适用于河北省南部及以南地区。

二、技术来源

1. 本技术来源于"花卉高效育种技术与品种创制"项目（2019YFD1001000）。

2. 本技术由北京林业大学完成。

3. 联系人潘会堂，邮箱 htpan@bjfu.edu.cn。

单位地址：北京市海淀区清华东路 35 号，邮编 100083。

高抗紫薇彩叶、乔木型新品种栽培技术

一、功能用途

"紫彩""紫梦""紫妍""紫婉"和"紫琦"是新选出的5个彩叶紫薇新品种。其中"紫彩""紫梦""紫妍"和"紫婉"通过杂交选育获得,"紫琦"通过辐射诱变紫薇种子选育获得。这5个品种已被国家林业和草原局授予植物新品种权。"紫彩"等5个彩叶紫薇的新叶分别呈现为棕色、灰绿色、嫩红色等,成熟叶分别呈现为灰绿色、黄绿色、艳丽灰紫色等不同色彩。新品种花期长,可从6月开至10月,花色丰富,分别呈紫红色、艳紫红、深紫红和强紫色等不同颜色,极为艳丽,观赏价值高。

彩叶紫薇品种适应性较强,较耐旱。其对土壤要求不严格,沙土、黏土、偏酸土都能生长良好,但种植在肥沃、深厚、疏松、排水良好的土壤中生长更健壮;喜光,略耐荫,忌涝,适宜在温暖湿润的气候条件下生长。

彩叶紫薇与传统的绿叶紫薇相比,集观花与观叶于一体,不仅可夏季观花,还可在春、夏、秋三季观叶,极大地延长了观赏时间,提升了观赏价值。彩叶紫薇新品种的选育成功填补了我国缺乏花色艳丽、叶色多彩、兼具观花观叶紫薇优良新品种的空白,有利于环境植被实现从"绿起来"到"美起来""亮起来"的转变,对推进生态文明、秀美乡村和美丽中国建设有重要意义。

该技术应用于5个彩色紫薇新品种"紫彩""紫梦""紫妍""紫婉"和"紫琦"的栽培和病虫害防治,适用于湖南、广东、广西、河南、湖北、四川等省份。

二、技术要点

运用杂交育种和诱变育种的方法,选育出5个彩叶紫薇新品种,其中"紫彩""紫梦"是以"Ebony Embers"紫薇为父本,"紫精灵"紫薇为母本杂交选育获得;"紫妍""紫婉"是以"Ebony Embers"紫薇为父本,"Catawba"紫薇为母本杂交选育获得;"紫琦"则是以60Co-γ射线辐射诱变"Ebony Flame"紫薇种子而选育获得。

选育的5个彩叶紫薇新品种各具特点。"紫彩"的成熟叶灰紫色(RHS N186A),花深紫红色(RHS 61A);"紫梦"的成熟叶片灰绿色(RHS NN137B),花强紫色(RHS N78A);"紫妍"的成熟叶暗灰黄褐色(RHS

N200A），花艳紫红色（RHS 67B）；"紫婉"的成熟叶灰紫色（RHS N200A），花强紫色（RHS N80A）；"紫琦"的成熟叶片灰紫色（RHS N186A），花中度紫红色（RHS 64A）。

彩叶紫薇品种的栽培技术同一般紫薇。深翻土地，放足基肥。宜在 11 月至第二年 3 月栽植，要淋透定根水。生长季节应经常保持土壤湿润，遇干旱时应适当浇水，入冬前浇足防冻水。3 月上旬应施抽梢肥，5 月下旬至 6 月上旬施一次磷钾肥，7 月下旬和 9 月上旬各施一次花期肥。整形修剪以休眠季节为主，生长季节为辅。白粉病可用 25％已唑醇悬浮剂防治，褐斑病可用 10％苯醚甲环唑水散剂防治。蚜虫用 70％啶虫脒水分散剂＋25g/L 溴氰菊酯防治；紫薇绒蚧用 25％噻嗪酮可湿粉剂或 40％杀扑磷乳油防治。

三、技术来源

1. 本技术来源于"花卉高效育种技术与品种创制"项目（2019YFD 1001000）。

2. 本技术由湖南省林业科学院完成。

3. 联系人王晓明，邮箱 wxm1964@163.com。

单位地址：湖南省长沙市天心区韶山南路 658 号，邮编 410004。

茶花新品种轻简栽培技术

一、功能用途

茶花新品种在夏季盛花，是我国首创的山茶品种新类群。

夏季盛花。6月至9月盛花期，花大色艳，园林景观视觉冲击力强，填补夏季无山茶盛花的品种空白。

抗花腐病。系杜鹃红山茶与茶花品种的杂交品种，抗病虫能力较强，尤其是抗花腐病，观赏品质高。

童期生长快。3年生扦插盆栽苗，出花率达90%以上，商品苗培育周期短，生产成本低。

适应性强。在冬季低温高于0℃地区，中性偏酸土壤均可露地种植。设施栽培则不受区域限制。

该技术适用于茶花新品种的配套轻简栽培和盆花生产，适用于冬季低温高于0℃地区，中性偏酸土壤的露地区域，设施栽培不受区域限制。

二、技术要点

露地扦插苗移栽。3月移栽出圃；平整移栽苗床；清理排水沟；地膜覆盖苗床。行距15～20cm。

轻基质配比：4泥炭:1蛭石:1珍珠岩:1粗河沙:1新黄土。

施肥：基肥以农家肥为佳，每亩1 000kg；早春、初夏增施有机肥或复合肥各1次，每亩500～800kg；秋季增施钾肥1次，每亩100～150kg。

保湿：搭遮阴架，夏季遮阳60%～70%，其余季节无须遮阳；要求夏季喷雾，保持苗圃地面和空气的湿度60%～80%。

庭院大规模景观苗生产：以"红露珍""耐冬""连蕊茶"和"茶梅"等为砧木，在5～6月进行露地嫁接，遮阳，湿度60%～70%。1个月后逐渐拆开嫁接包扎带或保湿袋，保持新芽抽枝，保湿，防蚜虫。

盆花生产：以"红露珍""耐冬""连蕊茶"和"茶梅"等为砧木，在5月至6月或11月开始在大棚内进行嫁接，保持大棚湿度60%～70%，通风，防蚜虫。

三、技术来源

1. 本技术来源于"花卉高效育种技术与品种创制"项目（2019YFD

1001000）。

2. 本技术由中国林业科学研究院亚热带林业研究所完成。

3. 联系人李纪元，邮箱 jiyuan_li@126.com。

单位地址：浙江杭州市富阳区大桥路 73 号，邮编 311400。

优良盆花秋石斛品种"红星"和"水蜜桃"栽培技术

一、功能用途

石斛兰"红星"和"水蜜桃"适应性强、花序美丽、生长快速、高产、抗逆性强，是一个适宜在海南种植的优良盆花品种。

该技术应用于秋石斛品种"红星"和"水蜜桃"的种苗繁育、栽培与病虫害防治。

二、技术要点

种苗繁育主要采用组培繁殖：以新生侧芽为外植体。茎尖诱导培养基为：1/2MS＋BA 2.0mg/L＋NAA 0.1mg/L＋蔗糖 30g/L；增殖培养基为：MS＋BA 2.0mg/L＋NAA 0.1mg/L＋蔗糖 30g/L＋卡拉胶 7.0g/L；分化培养基为：MS＋蔗糖 30g/L＋7g/L 卡拉胶；生根培养基为：MS＋NAA 0.70mg/L。苗出瓶后，以水苔为基质移栽在穴盘中。

栽培方面，把苗种植在遮阴棚或温室中，夏秋季遮光 50％～60％，冬春季遮光 30％～40％为宜，湿度控制在 70％～80％左右。浇水夏秋季一般 1～2d 浇一次水，冬春季一般 2～3d 浇一次水。施肥小苗每周喷施 N：P：K＝30：10：10 复合肥（2 000 倍）两次，隔周喷 N：P：K＝5：11：26 复合肥（2 000 倍）一次；中苗以施 N：P：K 比例为 20：20：20（1 000～1 500 倍）的复合肥液肥三次，加一次 N：P：K 比例 5：11：26（1 000～1 500 倍）的复合肥液肥循环施之；开花苗施肥以 N：P：K 比例为 20：20：20 复合肥液肥两次，N：P：K 比例为 5：11：26 复合肥液肥一次，N：P：K 比例为 10：30：20 复合肥液肥一次，浓度 500～1 000 倍之间。每 7～15d 喷洒一次杀菌剂和杀虫剂，预防病虫害。

三、技术来源

1. 本技术来源于"花卉高效育种技术与品种创制"项目（2019YFD1001000）。

2. 本技术由中国热带农业科学院热带作物品种资源研究所完成。

3. 联系人陆顺教，邮箱 lushunjiao2014@163.com。

单位地址：海南省儋州市宝岛新村，邮编571737。

大宗鲜切花采后保鲜技术

一、功能用途

本成果以月季、菊花和百合等大宗鲜切花为对象，针对鲜切花采后损耗大的产业现状，首次解析了月季、菊花和百合采后品质劣变机制，重点突破了鲜切花采后乙烯和失水胁迫互作的分子生理机制，提出了二者综合调控的保鲜技术新理论，突破了国外单一抑制乙烯或防止失水的保鲜技术瓶颈。

本项目研发了系列化专用保鲜剂，精细调节花朵中乙烯等激素之间的互作和水分平衡；研发了鲜花的压差预冷和真空预冷技术，实现了快速降温、乙烯去除和蒸腾控制的有机结合；研发了气调保湿包装技术，精准调控包装内气体成分和花朵水分平衡。本成果集成了以高效保鲜剂处理、快速预冷和气调保湿包装为核心的新一代保鲜技术体系。技术应用使采后损耗平均降低了约60%，月季和菊花运输后的瓶插寿命分别由3～5d和5～7d，提高到9～11d和10～15d，效果明显优于国际同类技术。本成果相关技术可以有效降低云南、广东、福建、浙江等鲜切花主产区大宗鲜切花产品的采后损耗，对于花卉产业的生产恢复和产业发展可发挥重要作用。

二、技术要点

成果的关键是构建从采收到零售的全产业链低温流通体系，具体步骤环节包括：切花采前管理、采收、快速预冷结合保鲜预处液吸收、气调保湿包装、低温贮运和复水瓶插液保鲜的技术环节。具体各个环节的方法简述如下：

1. 切花采前管理

基于植物营养诊断的水肥一体化栽培模式；严格控制生长环境以实现切花高品质和花期一致；基于病情预测的病虫害预防和控制，严格防止白粉、霜霉发病，防止红蜘蛛和蚜虫爆发。

2. 采收

基于月季切花采收标准进行判断，在花头开放程度为1度（夏季）或1.5度（冬季）时进行采收；采收应使用专业枝剪，刃口必须定期打磨保持锋利，避免挤压伤口；每日采收前和采收后必须用75%乙醇仔细消毒，防止病毒通过枝剪传播（田间根癌病发病风险较大的情况下，应该携带消毒壶，每采收一支，消毒一次）。采收后的花材不应在温室中停留，应迅速置于清水或预处液中移至冷库进行预冷。

3. 快速预冷结合保鲜预处液吸收

预冷去除田间热的过程越快越好，有条件的企业应采用压差预冷，加快预冷进程；没有压差预冷设备的企业采用冷库预冷，使用预冷的清水或预处液可在一定程度上加快冷库预冷的过程。盛放预处液和花材的容器应根据花材量做到定期消毒，避免微生物滋生。

4. 分级

预冷结束后，花材在冷库中进行质量分级。需要强调的是，预冷之后，花材的所有处理和运输环节均要保持一致低温，避免温度变化带来的结露。质量分级最好采用自动分级设备，提高分级效率和准确性。没有自动分级设备的企业采用冷库内人工分级的方式。

5. 气调保湿包装

分级后的花材用瓦楞纸保护花头，用保湿透气膜包裹花材，保湿同时，防止乙烯等有害气体积累；建议在包装内加入乙烯吸收剂和乙烯作用抑制剂以保护花材。

6. 低温贮运

包装好的花材在包装箱内相对放置（根部对根部），合理码放，用绳捆扎固定防止滑动和震动；加入填充物防止物理损伤。运输途中注意保持低温状态，并通过环境实时监测防止脱温。

7. 复水瓶插液保鲜

到达消费地后，打开包装箱，批发商应将花材放入保鲜剂中置于低温环境进行销售。

三、技术来源

1. 本技术来源于"主要花卉重要性状形成与调控"项目（2018YFD1000400）。

2. 本技术由中国农业大学完成。

3. 联系人张常青，邮箱 chqzhang@cau.edu.cn。

单位地址：北京市海淀区圆明园西路 2 号，邮编 100193。

第二部分

热带作物

甘蔗优良品种脱毒快繁技术

一、功能用途

本成果培育了高产、高糖、抗逆、适宜机械化生产以及特殊用途的"中糖1号""中糖2号""中糖3号"等甘蔗新品种。研发了优质品种脱毒种苗工厂化（室内）培育的关键技术、甘蔗脱毒种苗规模化移栽假植和田间繁育关键技术、甘蔗脱毒种苗配套的生产栽培技术、甘蔗脱毒种苗质量检测技术和甘蔗脱毒种苗产业化应用市场运营模式，创建了一套完整的甘蔗脱毒健康种苗繁育和生产技术体系，该体系在良种良法的配合下，与国内传统技术相比可以提高单产20％以上，提高蔗糖分0.5～1个百分点，节约用种60％。

二、技术要点

甘蔗良种繁育及脱毒健康种苗综合管理技术主要采取生物技术的方式进行综合脱毒、增殖快繁，按照宽行稀植的方式进行栽培。

1. 甘蔗优良品种脱毒健康种苗原种苗综合生产技术

从甘蔗品种圃中选取健壮的蔗茎，先切成单芽或双芽茎段并进行表面清洁和杀菌处理，晾干后放在52℃恒温热水中浸泡处理30min，取出晾干，放置在盛有灭菌湿椰糠的筐内，再置于38～40℃的人工气候箱中保温保湿培养8～10d，待芽萌生至10～15cm时，切取腋芽生长点，在无菌条件下用0.1％的氯化汞溶液进行灭菌后，剥取1～2mm的茎尖分生组织接种于起始培养基上进行培养，经检测不带目标病原种苗即为脱毒原种苗。

2. 甘蔗优良品种脱毒原种苗田间移栽种植技术措施

移栽种植模式：行距为1.75m（1.35m＋0.4m），株距为0.5m左右（根据品种分蘖性状，适当调整），亩植1 300～1 400株。

移栽方法：整地备耕后，进行开沟—覆土—铺滴管—盖膜—假植苗移栽。其中开沟—覆土—铺滴管—盖膜等4个过程由开沟覆土铺管盖膜一体机一次性完成；移栽时，将穴盘苗运输到地边，依次摆放在种植沟旁，用小铁铲挖一深10cm的穴，将原种苗种植于穴中。

移栽季节：在海南可按"一年两采法"繁育，即在1～2月田间种植原种苗，6～7月收获一代种茎；在广西、云南、广东等蔗区可按"一年半两采法"繁育，即在8～9月田间种植原种苗，次年的5～7月收获一代种茎。

水肥药管理：水分，采用膜下滴灌的方式进行灌溉，一般 3～5d 滴水 1 次可达到土壤含水量 22%～25% 的植株生长需求；养分，一般移栽种植后一周滴施 1 号肥，8～10d 后滴施 2 号肥，开始拔节时滴施 3 号肥第 1 次，拔节 3～5 节滴施 3 号肥第 2 次，拔节 8～10 节滴施 3 号肥第 3 次。药物分两次进行，第 1 次在移栽前，滴施灭杀地下害虫农药；第 2 次在种植后 2 周进行，滴施用于防治地上害虫的内吸性农药。

中耕培土：待主茎拔节 1～2 节后进行中耕管理。用小型中耕机或中大型中耕机进行中耕培土，原则上蔗茎基部应培土 10～15cm。

种茎成熟与采收：一般蔗株生长至 13～15 节，且基部蔗茎芽眼饱满、新鲜，萌发能力强，这个阶段可认定为种茎成熟，达到采收标准。

3. 甘蔗优良品种田间扩繁与生产技术措施

种植模式：模式 1 要求行距为 1.2m，株距为 0.35～0.40m，每亩用种量 1 500～1 900 个双芽段；模式 2 要求行距 1.75m（1.4m＋0.35m），株距 0.4～0.5m，每亩用种量 1 500～1 900 个双芽段（3 000～3 800 芽）左右。

种植方法：模式 1 要求将双芽蔗茎横放在植沟里，与植沟垂直，再用盖膜机覆土盖膜；模式 2 完全采用种植机种植双芽段蔗茎。

扩繁季节：海南蔗区在 6～7 月种植一代种茎，于次年的 1～3 月收获后供生产用种；广西、云南、广东等蔗区在 5～7 月种植一代种茎，于次年的 1～3 月收获后供生产用种。

种植季节：与普通种茎种植季节一致。

三、技术来源

1. 本技术来源于"热带作物重要性状形成与调控"项目（2018YFD 1000500）。

2. 本技术由中国热带农业科学院热带生物技术研究所完成。

3. 联系人王俊刚，邮箱 wangjungnag@itbb.org.cn。

单位地址：海南省海口市龙华区城西学院路 4 号，邮编 571101。

强宿根适合机械化生产优良
甘蔗品种栽培技术

一、功能用途

"桂糖29号（GT29）"是广西农业科学院甘蔗研究所通过常规有性杂交育种程序选育的优良甘蔗品种。母本为具有早熟、高糖、抗性强等性状的"崖城94-46"，父本为具有丰产、高糖、抗旱性强、中大茎、易脱叶等优良性状的"新台糖22号"。"GT29"除了继承父母本高产高糖的基本性状外，还拥有突出的宿根性能，种植"GT29"可延长宿根年限2～3年；且"GT29"分蘖好，耐机械碾压，适合机械化收获；此外，"GT29"耐寒、抗黑穗病，推广种植"GT29"还能增强甘蔗对寒害及黑穗病威胁的防御能力，确保产量糖分稳定，有利于蔗农增收、企业增效和维护糖业安全。

该品种宿根年限长。"GT29"第一、第二、第三及第四年宿根的发株数、有效茎数、蔗茎产量显著高于当地主栽品种"新台糖16号（或台优）"。一至四年各期宿根均表现很突出，种植的第四年宿根苗数仍达6 500苗以上，有效茎超过5 000条/亩，亩产达6t。

该品种耐寒性强适应性广。在广西蔗区发生的持续低温冰冻时间较长的条件下，"GT29"仍有部分青叶，剖开蔗茎变色节间少，且变色较浅，其冰冻后受害程度较轻，抗寒性能明显优于主栽品种"新台糖22号"。采霜冻后的蔗芽做发芽试验，"GT29"发芽率也明显优于对照品种。

该品种在广西蔗区表现较广泛的适应性，可在各蔗区推广种植。

二、技术要点

①该品种分蘖力强，适当降低下种量，应比生产上一般品种少，春植亩下种量在6千芽左右（一般宜单轨摆种，节间长可按1轨半摆种）。

②推荐施肥量为N 260kg/ha、P_2O_5 130kg/ha、K_2O 150kg/ha，比常规施肥量减少250～750kg/ha。

③注意增加前中期施肥比例，因该品种分蘖多成茎率高，前中期施肥量应比一般品种多30%，后期可相应减少30%。

④提早培土减少无效分蘖，苗数达到5 000～6 000苗即可进行大培土。

⑤该品种抗寒性强、蔗种耐储存，早春种植更能发挥其增产、增糖潜力。

⑥"GT29"宿根年限可达 5 年，故下种前应深开植沟（25～30cm），以防多年宿根后蔗茎入土过浅易倒伏。

⑦适宜在旱坡地种植，在水肥较好条件下栽培要注意防倒防鼠。

⑧秋砍宿根或秋植蔗易感染褐条病，多湿季节应加强对该病的防治，其他季节砍收或下种未发现该病发生严重。

⑨该品种叶鞘易脱落，蔗芽略凸起容易被碰伤，因此留种时宜留小半茎种，搬运过程轻搬轻放，砍种时去除蔗芽被碰伤的节段。

三、技术来源

1. 本技术来源于"热带作物种质资源精准评价与基因发掘"项目（2019YFD1000500）。

2. 本技术由广西壮族自治区农业科学院甘蔗研究所完成。

3. 联系人张保青，邮箱 zbqsxau@126.com。

单位地址：广西南宁市大学东路 172 号，邮编 530007。

芒果果实品质提升技术

一、功能用途

本成果围绕植物生长调节剂安全使用、病虫害安全高效防控等关键问题，形成了芒果品质提升综合关键技术，达到提高果实品质的目标。该成果不用噻苯隆壮果，败育率下降15%，果实可溶性固形物提高1.0%。果实品质明显提高，果皮叶绿素下降17.5%，果实转色后无绿皮现象，固酸比提高18.1%，较之常规技术，亩增收450元。该成果可以解决在控梢、促花和壮果保果等生产环节不规范使用植物生长调节剂导致败育率高、采后品质下降、果实风味变淡、细菌性黑斑病危害加剧等系列产业问题。

二、技术要点

1. 蓟马防控技术

使用粘虫板结合蓟马诱剂对入园、上树的蓟马进行诱杀。在嫩梢期，每株用1片带有诱剂的黄色粘虫板进行诱杀；花期每株用带有诱剂的黄、蓝色粘虫板各1片进行诱杀，当粘虫板粘满虫时及时更换。

依据监测结果，当嫩梢抽出或花芽萌动时，释放天敌捕食螨。正常投产树按每株3 000头，小苗按每株1 500头释放，晴天将捕食螨固定于较荫蔽的树杆分叉处，天敌释放后避免使用化学农药。

在嫩梢期和花期，特别是谢花后至小果期，平均每粘虫板有虫50头以上时，轮换选用乙基多杀菌素、甲维盐、氟啶虫酰胺、吡虫啉或啶虫脒等药剂进行喷雾防治。

2. 细菌性黑斑病防控技术

抽梢期、花期及果实发育后期是细菌性黑斑病易发病的3个关键时期，尤其是雨季、大风、大雾、低温阴雨、露水大等湿度大的环境，容易爆发细菌性黑斑病。

果园修剪后彻底清除枯枝落叶，集中烧毁或撒石灰深埋，选用抗生素、敌磺钠、铜制剂等清除剂叶片、枝条等组织上的病原菌菌群，降低病原菌的菌群数量。

果实发育中后期可选用噻唑锌、戊唑醇、苯醚甲环唑、吡唑醚菌酯等药剂喷雾防治，间隔7～10d喷药，连续使用2～3次可明显降低病害的危害，并兼防其他真菌病害。如遭遇连续大雾、降雨等天气，或者早晚露水重的果园，一定要及时采取化学防治措施。

3. 生长调节剂减用技术

花穗 8～15cm 时喷施一次爱多收 2 000 倍＋5mg/L 的氯化氯代胆碱，促进花序粗壮，盛花初期喷爱多收 2 000 倍＋20mg/L 的八硼化钠＋微量元素 2 000 倍，促进花授粉和受精。

花后果实黄豆大小时，用 40mg/LGA3 喷施一次，间隔 4d 再喷一次，保证每个花穗 2～4 个果实，此后用 200mg/L 爱多收＋0.25g/亩的噻苯隆＋0.09g/亩的氯吡脲喷施，间隔 10d 喷一次，连喷 3 次，促进细胞快速分裂。花后 60d 左右停止喷施。

在大果期（果实膨大期），用 200mg/L 亚硫酸氢钠＋10mg/L 爱多收喷施 2 次，促进果实糖分积累和果面转红，提高果实品质，采前 20d 停止用药。

三、技术来源

1. 本技术来源于"热带作物种质资源精准评价与基因发掘"项目（2019YFD1000500）。

2. 本技术由中国热带农业科学院热带作物品种资源研究所完成。

3. 联系人高爱平，邮箱 aipinggao@126.com。

单位地址：海南省海口市龙华区学院 4 号，邮编 570100。

"台农 16 号"菠萝栽培技术

一、功能用途

"台农 16 号"菠萝具有长势旺、适应性强、产量高、以及甜度高、肉质细致、纤维少、果眼浅等优良商品性状特点，已在广东、海南、广西、云南等省（区市）菠萝产区进行了田间生产试验，可以缓解菠萝产区品种单一、集中上市等问题，得到广大菠萝果农和种植企业的一致认可。该技术应用于"台农 16 号"菠萝的栽培、田间管理、催花和果期管理，适用于广东、海南等华南冬季无霜区域。

二、技术要点

田地准备：土质疏松、通透、排水好，土壤 pH 4.5～5.5。种植前应提前 2～3 个月备耕，两犁两耙，深度 30～35cm，种植前半个月除净园地杂草。采用宽窄行双行开沟，大行间距 70～80cm，小行间距 40～45cm。施基肥以有机肥和无机肥配施于种植沟中，每亩沟施有机肥 1 500～2 000kg；配合施 50～80kg 过磷酸钙，10kg 三元复合肥（N：P：K=15：15：15）。施肥后，植前 80% 莠灭净（莠去净、阿灭净等）可湿性粉剂喷施一次土表防草，再盖地膜。

种植：种苗按大小和类型分开种植，种前用毒死蜱、甲霜霜霉威（甲霜灵等）溶液浸泡种苗基部 10～20min，倒置晾干后种植。采用宽窄行双行种植，株距 30～35cm，密度 3 000～3 200 株/亩。

水和肥的管理：水的管理需要看天气和苗情，旱情发生时每 10～15d 给水一次。肥料施用氮、磷、钾配合，前期勤施、薄施，中期重施，后期补施。前期以氮、磷肥为主、后期以钾肥为主，不施或少施氮肥。盖地膜后结合水分管理进行管道施肥或叶面肥。施肥可在植后 20～25d 施尿素 2.5kg；植后 40d 施尿素 5kg；植后 60d 施尿素 2.5kg、复合肥 5kg；植后 80d 施尿素 5kg、复合肥 6.5kg；植后 100d 施尿素 5kg、复合肥 10kg；植后 120d 施尿素 2.5kg，钾肥 10kg；植后 140d 施复合肥 5kg，钾肥 5kg。催花前根据苗长势可提前 1～3 个月停止施用氮肥。

催花：植株叶长 40cm 以上的叶片数达 50 片以上时可以催花。2% 电石水溶液灌心 50mL/株，夏季高温季节催花在夜间进行，间隔 2d 后重复使用一次，还可再用 800～1 000 倍乙烯利灌心。一般 2～4 月催花，当年 7～9 月收果，5 月催花，当年 10～11 月收果，6～7 月催花，当年 11～12 月收果，8～9 月催花，次年 2～4 月收果，果实生长期间温度高成熟早、温度低成熟迟。应根据上市时间合理安排催花季节和种植季节。

果期管理：初春低温会冻伤果实，夏季阳光暴晒会灼伤果体，采用套袋或秸杆、遮阳网遮盖等方式，保护果实。当果实基部果缝开张，果皮由绿逐渐变黄成熟时，根据市场适时采收。

三、技术来源

1. 本技术来源于"热带作物种质资源精准评价与基因发掘"项目（2019YFD1000500）。

2. 本技术由中国热带农业科学院南亚热带作物研究所完成。

3. 联系人吴青松，邮箱 hnwuqs@163.com。

单位地址：广东省湛江市麻章区湖秀路 1 号南亚所，邮编 524091。

橡胶树胶木兼优品种"热垦628"栽培技术

一、功能用途

橡胶树品种"热垦 628（IAN873×PB235）"是以速生高产为育种目标选育的第 4 代优良新品种，其核心特点为速生、高产、抗逆性较强。该品种是当前橡胶树品种升级换代的核心品种之一。

品种主要特性：

速生，立木材积蓄积量大。高比区"热垦 628"开割前生长速度显著高于对照"RRIM600"，但开割后有所减缓。该品种在中国热科院高比区按 $3.0×7.0m$ 规格定植，开割前茎围年均增长 8.67cm，开割后年均增长 3.15cm，分别比对照高出 14.67％和 7.18％；在适应性试区，"热垦 628"生长优于"GT1""PR107""IAN873"等品种。材积方面，"热垦 628"在定植近 10 年的高比区单株立木材积达 $0.31m^3$，比对照品种"RRIM600"高出 33.56％；在海南、云南等适应性试验区，"热垦 628"的木材蓄积量优于"GT1""PR107"。

高产。"热垦 628"投产初期表现出了高产、稳产的特性。开割头 5 年平均株产和亩产分别达到 2.23kg 和 84.9kg，比对照品种"RRIM600"高出 45.68％和 68.82％。从区域试验结果看，"热垦 628"在云南孟定试区和海南西联试区的产量大幅优于"GT1"和"PR107"。

抗逆性较强。抗平流型寒害表现好，与"GT1"相当；抗风性与"PR107"基本相当；对炭疽病表现抗病，但对白粉病表现感病。

此外，系列研究表明，"热垦 628"乳管分化能力强，净光合速率较高，实际光合效率高于"RRIM600"，水分利用率高。

该技术应用于热垦 628 栽培、后续管理，适用于海南中西部、广东雷州半岛、云南 1 类植胶区。

二、技术要点

栽培管理措施：

1. 春季定植要点

以亩植 33～38 株为宜，推荐种植形式为 (2.5～3.0) m×（7～8）m；宜早春袋装全苗定植，如为裸根苗，宜采用"围洞法"抗旱定植，植前施足基肥。

2. 后续管理措施

幼树期重点保证齐苗、壮苗，加强施肥、保水管理，不建议摘顶促枝。成龄期，加大肥料投入，促进胶树生长，提高产胶潜力。第 1～3 割要年控制割胶强度，宜浅割养树，刺激割胶的乙烯利浓度宜参照"RRIM600"。

3. 全周期间作

"热垦 628"是为数不多的典型窄冠幅、疏透树型品种，在构建复合立体生态胶园方面有极大的潜力。在平缓坡地，可采用全周期间作技术，实行宽窄行种植，发展胶药、胶灌、胶菜等立体种植种养模式。

三、技术来源

1. 本技术来源于"热带作物高效育种技术与品种创制"项目（2019YFD1001100）。

2. 本技术由中国热带农业科学院橡胶研究所完成。

3. 联系人高新生，邮箱 hagaoxs@163.com。

单位地址：海南省海口市龙华区城西学院路 4 号，邮编 571101。

高抗枯萎病香蕉新品种"中蕉8号"栽培技术

一、功能用途

"中蕉8号"香蕉是以"巴西蕉"胚性细胞悬浮系为材料，通过辐射诱变，经田间优选获得的抗病品种。该品种具备高抗尖孢镰刀菌引起的香蕉枯萎病（重病区发病率低于5%）、产量高、商品性状优良等特点。"中蕉8号"香蕉适宜在热带和南亚热带香蕉产区生长，在土层深厚，土质疏松，排灌良好的肥沃壤土，年最低气温不低于10℃，光照充分的条件下栽培可获得丰产稳产。另外，"中蕉8号"抗寒能力与"巴西蕉"相当，尽量避免冬季低温期抽蕾。

该技术应用于"中蕉8号"的栽培种植、水肥管理和病虫害防治，适用于热带和南亚热带香蕉产区。

二、技术要点

"中蕉8号"香蕉属于中把香蕉类型，其高产优质栽培主要应避开其抗寒性相对较弱的缺点进行，主要措施如下：

1. 选地与整地

要求土层深厚，土质疏松，排灌良好的肥沃壤土。种植前深翻土壤，下足基肥，坡地或旱田可低畦浅沟，水位高的水田种植一定要高畦深沟。

2. 选择种苗

选用种源纯正的组培苗，种苗在6～8片叶时可定植。在气温较低的区域种植，为避开在低温季节抽蕾和成熟，春植时可选择种植在冬季大棚里培育的12～15片叶以上的老壮大苗。

3. 种植时期

根据各地气候定植，避免冬季抽蕾，影响产量质量。在气温较低的区域种植，为避开在低温季节抽蕾和成熟，春植时可选择种植在冬季大棚里培育的12～15片叶以上的老壮大苗，或选择夏植或秋植，寒冬后抽蕾。

4. 种植密度

每亩120～130株为宜。

5. 科学肥水管理

要求较高的肥水管理水平。施肥要以有机质肥为主，化肥为辅，化肥以钾、氮肥为主，配合磷、镁肥。水分管理注意保持土壤润湿，旱灌涝排。

6. 合理留芽

可在抽蕾后留芽作为次年继代株，早抽生的吸芽应在出土后约 20～30cm 高时割除，去除吸芽时尽量避免伤及母株球茎和地下部分，减少枯萎病感染机会。

7. 防风

植株中后期，要立防风桩，增加抗风力。

8. 注意病虫害防治

定植前可浇施 1 次土壤杀菌剂如多菌灵等，降低枯萎病病原基数，尽量使用地下水灌溉，对降低枯萎病发生具有显著效果。此外，夏植时的小苗期、壮苗期注意防治花叶心腐病。老蕉园重点预防香蕉象鼻虫，其他与一般香蕉同。

9. 套袋

采用深色套袋，避免果皮颜色过绿和催熟后果皮着色。

三、技术来源

1. 本技术来源于"常绿果树高效育种技术与品种创制"项目（2019YFD1000900）。

2. 本技术由广东省农业科学院果树研究所完成。

3. 联系人董涛，邮箱 taod2004@163.com。

单位地址：广东省广州市天河区五山大丰二街 80 号，邮编 510640。

低氢氰酸蚕用木薯品种"华南9号"栽培技术

一、功能用途

"华南9号"木薯是中国热带农业科学院热带品种资源研究所利用海南地方收集的木薯优良单株，经多代无性系的系统选育而成。该品种新鲜叶片氢氰酸含量低，烘干叶片含粗蛋白质 18.0%～35.0%，研究表明木薯蚕取食"华南9号"木薯叶片后，生长发育快，蛹和虫体重量大，因此"华南9号"是木薯蚕的优质饲料作物，可推广种植用来饲养木薯蚕，作为木薯种植区农民增收致富的手段。

品种特点：

1. 叶片氢氰酸含量低

木薯叶粉是良好的蛋白质和氨基酸来源，且含有较丰富的矿物质和维生素，可作为畜禽类的部分饲料来源。木薯叶风干后水分含量为 9.7%、含粗蛋白 13.6%、粗脂肪 7.1%、粗纤维 19.7%，且富含钙、镁、铁、锰和锌；还富含类胡萝卜素和黄酮类化合物等具有保健性功能成分。此外，木薯叶片含有抗营养因子氢氰酸，不同木薯品种其氢氰酸含量差别很大。通过研究表明：与野生木薯、糖木薯和推广面积最大的"华南205"等叶片相比，木薯品种"华南9号"叶片可溶性糖和蛋白质含量中等，但氢氰酸含量最低。

2. 适合作为木薯蚕的优质饲料

与野生木薯和糖木薯相比，木薯蚕取食"华南9号"叶片最多，生长发育最快，5龄幼虫体重和蛹重量最大，因此"华南9号"叶片作为优质饲料用来饲养木薯蚕进行推广应用。

该技术应用于"华南9号"的种植栽培、田间管理和病虫害防治，适用于我国木薯种植区。

二、技术要点

整地：一犁一耙清除杂物。

种茎选择：选用新鲜，粗壮密节，芽点完整，不损皮芽，无病虫害的主茎作种苗。

种植方法：一般 2～4 月种植，采用半放种植方式。株行距为（1.0×0.8）m 或（0.8×0.8）m，亩植 800～1 000 株为宜。

田间管理：施足基肥，合理追肥。植后 30～40d，苗高 15～20cm 时，进行第一次中耕除草。植后 60～70d 进行第二次中耕除草。一般追施 2～3 次，壮苗肥以氮为主，于植后 30～40d 内施用，结薯肥以钾为主并适施氮肥，于植后 60～90d 施用。

病虫害防治：夏季注意防控细菌性枯萎病和朱砂叶螨。

三、技术来源

1. 本技术来源于"热带作物种质资源精准评价与基因发掘"项目（2019YFD1000500）。

2. 本技术由中国热带农业科学院热带作物品种资源研究所完成。

3. 联系人安飞飞，邮箱 aff85110@163.com。

单位地址：海南省海口市龙华区学院路 4 号，邮编 571101。

3

第三部分

大田经济作物

油菜绿色轻简高效生产技术

一、功能用途

针对油菜生产人工和物化成本高、农机农艺不配套等问题,以全程机械化为方向,研发了以"五密栽培"为核心的农机农艺融合技术,集成了适宜机械化高产品种、精量联合播种、专用缓释肥、无人机飞防和机械收获技术,建立了油菜绿色轻简高效生产技术体系。在湖北示范推广 1 516.9 万亩,覆盖长江流域主产区。与传统生产方式相比,亩平增产 9.52%,用工减少 3~4 个,肥料用量减少 17.5%,累计增收 21.99 亿元,有效推动了我国油菜生产方式升级转型,实现了面积稳定和产能提升。

二、技术要点

1. 绿色轻简高效农机农艺融合技术

集成"以密增产、以密补迟,以密省肥、以密适机、以密控草"核心技术、秸秆全量还田后直播油菜"一播足苗"播种技术、高产抗倒互为协调的密肥配置技术、适宜机械收获的株行距配置技术。与习惯 1 万~2 万株/亩的密度、25~35cm 行距的配置相比,通过控制播量,将密度增至 3 万~4 万株/亩,行距缩小至 20~21cm,有效利用了前茬秸秆,可增产 10% 以上,减肥6%~15%,减少杂草 20%~40%,抗倒性增加 5%~15%,菌核病发病率降低 20% 左右。

2. 选用适宜机械化作业的高产多抗品种

针对机播油菜相对人工移栽、播期迟、冬前生长时间不足和机收油菜籽粒小易破损、收获易裂荚损耗、收获期短等问题,选择耐迟播、抗寒性强、高产矮秆、株型紧凑的品种,如"华油杂 62""华油杂 9 号""华油杂 13 号""中油杂 7819""阳光 2009""中双 11 号"等一批主花序结荚多、结实率和出油率高、适合机播机收的双低油菜品种。

3. 精量联合播种技术

选用以气力式排种装置为核心的 2BFQ-6 等精量直播机,将耕整、灭茬、播种、施肥、开沟、覆土工序集成,复式作业解决了油菜种植工序杂、效率不高的难题。机械化复式直播亩用工 0.3 个,用种量 0.25kg(可调),标准播种量 200g(9 月下旬)~400g(10 月中旬),密度为 2.5 万株(9 月下旬)~3.5

万株（10 月中旬）。播种成本 60～100 元/亩，作业速度 7（6～9 行）或 4（4 行）亩/h，比人工作业提高工效 5 倍以上。

4. 油菜专用缓释肥

选用全营养缓释型油菜专用配方肥——"宜施壮"，养分 35％～40％（N：P_2O_5：K_2O：微量元素 20＝25：7：8：5），每 100kg 肥含硼砂 1.5～2kg（无须另施）；加入氮肥增效（稳定）剂；1/3 磷源为钙镁磷肥；含 8％腐殖酸（防各养分相互反应失效）。一般田块亩施 40kg，高产田块亩施 50kg，一般不追肥。比农民习惯省肥 4～5kg，施肥次数减少 1～2 次。高产栽培下，该肥料在亩施养分（总纯养分）20～25kg 后，可获得 180～200kg 的产量，比当地农技部门推荐用量省肥 5kg 左右，减少 1 次施肥次数。施用该专用肥的增收节支为 50～70 元/亩，如考虑减少追肥用工 0.5 个，则增收节支达 80～100 元/亩。与农民习惯相比，氮、磷、钾利用率提高 10％、8％和 12％左右。

5. 无人机飞防技术

针对油菜生产过程中普遍存在前期蚜虫、菜青虫为害，后期菌核病发生严重、高温逼熟，传统防灾防病技术烦琐低效等问题，利用无人机在苗期叶面喷施液态硅肥、10％吡虫啉可湿性粉剂、4.5％高效氯氰菊酯水乳剂，初花期叶面喷施菌核净、磷酸二氢钾，可以有效防控蚜虫、菜青虫，促进油菜生长发育，防菌核病，防高温逼熟，确保了油菜高产稳产优质。单产比对照提高 7％～10％。

6. 机械化收获技术

从全株角果基本完全变黄，主花序角果大部分脱水变枯，到角果开始变黑之前联合收获。同时，配合秸秆机械粉碎还田等技术提高油菜机收作业效果，解决秸秆焚烧顽疾。该技术在湖北大面积推广，损失率稳定在 8％左右；联合收获成本 80～100 元/亩左右，两段收获成本 100～120 元/亩左右，与传统人工收获用工成本 200 元/亩左右相比，亩用工成本分别减少 100～120 元和 80～100 元。

三、技术来源

1. 本技术来源于"大田经济作物优质丰产的生理基础与调控"项目（2018YFD1000900）。

2. 本技术由华中农业大学完成。

3. 联系人蒯婕，邮箱 kuaijie@mail.hzau.edu.cn。

单位地址：湖北省武汉市洪山区狮子山街 1 号，邮编 430070。

油菜多用途开发利用技术

一、功能用途

油菜具有油用、菜用、花用、饲用、肥用和蜜用等多种功能，通过"一菜多用"技术模式，不仅可以增加农民种植收益、稳定我国油菜种植面积，还可以促进种养结合和美丽乡村建设，推动当地一、二、三产业的融合。

"双低"菜籽油饱和脂肪酸含量低，油酸和亚麻酸的含量高，富含植物甾醇和维生素等活性成分，是"最健康的食用植物油"之一。饲用油菜产量和蛋白质含量高，在南方可缓解冬季牧草不足的问题，北方则可充分利用小麦等作物收后的季节，促进畜牧业发展。绿肥油菜可显著增加土壤有机质、释放土壤中难溶性磷，减少病虫草害数量，提高下茬作物产量。油菜在抽薹 $30\sim40cm$ 后，摘取 $15\sim20cm$ 菜薹做新鲜蔬菜、干菜或腌菜等，不但口感好，且营养丰富，增加种植效益。油菜花期长、色彩鲜艳，可设计图案和景观，发展旅游业。油菜是我国面积最大的蜜源作物，稳定的油菜种植面积是我国蜂产品的重要保障。油菜特别耐盐碱，在新疆石河子盐浓度 0.4% 左右，pH $10.2\sim11.2$ 的地块均能正常生长，把修复盐碱地和油菜多功能利用结合起来，潜力巨大。综上，加强油菜多功能的开发利用，对于全国油菜产业和我国农业的可持续发展具有重要意义。

二、技术要点

1. 种植模式

油菜的多功能利用模式形式多样，主要有以下几种方式：①菜用＋观花＋饲用/肥用；②菜用＋观花＋油用；③菜用＋油用。花期后收获油菜均可作蜜源。

2. 播种时间

①西北、东北地区：以油用为主的油菜播种期 3 月底到 4 月初。麦后复种油菜在前茬作物收获后，7 月下旬及时播种，根据需要作为饲料或者绿肥。

②长江流域：油菜最佳播种期为 9 月 25 日~10 月 15 日，最迟不超过 10 月 25 日。如用作绿肥，可适期播种，在初花期进行粉碎翻压还田，如茬口迟（11 月中旬以后），可避开严冬，于次年 2 月初播种，至 4 月下旬机械粉碎后翻压还田。

3. 品种选择

宜选用各地区登记的高产、耐密植、抗倒、抗病"双低"油菜品种；菜用油菜选用已经登记的专用油菜薹用品种。

4. 机械直播

选用油菜精量直播机及时抢播，播种深度控制在 1.0～2.0cm 间，亩用种量约 200g，确保 3 万株/亩左右的基本苗。长江流域做好三沟配套。

5. 肥料运筹

播种时施用油菜专用配方肥 40～50kg/亩左右。在收获油菜用作饲料或者菜薹后，1～2 周内及时追施尿素 5～10kg/亩，保证油菜再生产量。

6. 田间管理

南方地区及时清理三沟，确保明水能排、暗水能滤、雨住田干。冬前重点防治蚜虫、菜青虫，初花期重点防治菌核病。

7. 适时收获

①用作蔬菜：薹高 30～40cm 时，抢晴天摘取 15～20cm 菜薹，一般可采收 2～3 次。

②用作饲料：作鲜草饲料或者青贮饲料时可在终花期收获，此时生物学产量最高；也可采取随割随喂的方式进行，条件适宜的地区还可采取放牧的方式。

③用作绿肥：4 月下旬机械粉碎后翻压还田，而在西北、东北，可在霜前机械粉碎后翻压还田。

④油用：如采取联合收获方式，在全田油菜角果全部呈现枇杷黄、植株中上部茎秆明显退绿时，抢晴收获。如采取分段收获，在全田 80% 左右角果呈枇杷黄时，抢晴割倒，3～5d 后捡拾脱粒。

三、技术来源

1. 本技术来源于"大田经济作物优质丰产的生理基础与调控"项目（2018YFD1000900）。

2. 本技术由华中农业大学完成。

3. 联系人汪波，邮箱 wangbo@mail.hzau.edu.cn。

单位地址：湖北省武汉市洪山区狮子山街 1 号，邮编 430070。

大豆带状深松栽培技术

一、功能用途

该技术是在前茬玉米机械收获后，秸秆全量粉碎还田，采用深松灭茬整地机一次完成垄体深松、灭茬、扶垄、秸秆归行作业，然后沿深松灭茬带播种大豆，尽量减少土壤扰动的同时达到播种带土壤疏松和蓄水保墒目的一种大豆栽培技术。该技术有效解决了玉米秋收后处理玉米秸秆、根茬处理、翻耕土地、春季整地等多次作业导致土壤扰动过大，水分散失严重的问题，同时减少了农机具进地的次数。该技术较秋季玉米秸秆翻压还田明显节本，较随碎混还田明显抗旱，较覆盖还田明显增温，大面积示范每亩节本 30 元左右，增产 10%以上。

该技术适宜东北地区。

二、技术要点

1. 玉米秸秆处理与整地

前茬玉米可采用机械收获或人工收获，损失率≤4%。机械收获时，采用具有秸秆粉碎装置的联合收获机收获，一次进地完成玉米收获和秸秆粉碎作业。人工收获时，宜采用站秆掰穗的方法，用秸秆粉碎还田机站秆粉碎。粉碎后的秸秆应均匀抛撒覆盖地表，长度≤10cm，根茬高度≤10cm。

采用深松灭茬整地机对垄台进行深松、灭茬、扶垄作业，深松深度 30～35cm，灭茬宽度 30～35cm、灭茬深度 10～12cm，达到土壤细碎、疏松。

2. 种子处理与播种施肥

选择审定推广的成熟期适宜、高产、优质、抗倒伏等抗逆性强的大豆品种，对精选的种子进行包衣处理后播种。土壤 5cm 深处地温稳定在 7～8℃时，采用大豆播种机沿深松灭茬带播种，镇压后播种深度 3～5cm。播种与施化肥同时完成，一般每公顷施磷酸氢二铵 150kg、硫酸钾 100kg，或等养分的复合肥；采用侧深分层施肥，施于种子侧向 5～6cm，深度为种下 5～6cm 和 10～11cm 两层，各占 50%。

3. 田间管理

播种后喷施除草剂封闭除草，在大豆 1～2 片复叶时进行垄沟深松，深度 25cm 左右，并根据草情喷施除草剂化学除草。深松后 7～10d 宜进行中耕培土

1次。大豆生育期间有虫害发生，及时喷施杀虫剂防护虫害。大豆开花期和结荚期，依据大豆长势适时叶面追肥。

4. 大豆收获及整地

在大豆成熟期采取机械联合收获，割茬高度以不留底荚为准，不丢枝、不炸荚，损失率≤3%；秸秆还田时，秸秆粉碎均匀抛撒，秸秆长度≤10cm。大豆收获后，田面压实严重或土壤黏重的地块，进行深松灭茬整地，其余地块可留茬越冬，翌年免耕播种玉米等作物。

三、技术来源

1. 本技术来源于"大田经济作物优质丰产的生理基础与调控"项目（2018YFD1000900）。

2. 本技术由东北农业大学完成。

3. 联系人马春梅，邮箱 chunmm1974@163.com。

单位地址：黑龙江省哈尔滨市长江路 600 号，邮编 150030。

春播覆膜花生丰产高效施肥技术

一、功能用途

本技术是在关键技术创新的基础上配套其他高效施肥技术优化集成而来。其特征是用地养地相结合，养分均衡、肥料利用率高，花生叶片衰老慢、荚果产量高。本技术采用的措施是有机无机肥配施确保养分平衡，钼酸铵拌种促进根瘤的生长发育，采用膜下滴灌技术实现水肥一体化提高肥料利用率，叶面喷肥防早衰。与农民常规采用的只施无机肥相比，本技术将有机肥和无机肥配施，既可以起到养地用地结合的目的，又可实现养分的均衡供应。采用钼酸铵或钼酸钠拌种可减小氮肥对根瘤的影响，促进根瘤的发育，提高根瘤固氮能力。水肥一体化起到省肥、省水、省工等作用，提高水分和养分利用率。能有效解决春播花生生产盲目或过量施肥，肥料利用率低的问题。比常规花生种植增产 8%～10%，肥料利用率提高 10%～15%。

该技术适用于我国北方花生主产区。

二、技术要点

1. 有机无机保平衡

每亩地施腐熟土杂肥 2～4t 或生物有机肥 100～200kg、复合肥 40～50kg。早春化冻后，土壤深耕或深松 25～30cm，结合深耕早春耕地将全部的有机肥和 2/3 的化学肥料结合施用，剩余 1/3 的肥料结合播前起垄施于垄中，确保养分平衡供应。

播种前用 0.2%～0.4% 的钼酸铵或钼酸钠，制成 0.4%～0.6% 的水溶液，用喷雾器直接喷到种子上，边喷边拌匀，晾干种皮后播种。促进根瘤的生长发育是花生提高氮肥利用率的重要措施。

2. 水肥一体化

花生起垄播种时，用覆膜播种机一次完成播种、喷施药剂、铺滴灌带、覆膜等多道工序。播种后滴灌前安装施肥罐、过滤器、干管、支管等系统，按照花生水肥需求特点和气候土壤情况，进行膜下滴灌施肥。

花生生育中后期 8 月上旬叶面喷施 0.2%～0.4% 磷酸二氢钾水溶液，或富含 N、P、K 及多微元素的叶面肥喷 2～3 次，叶面喷肥的同时可根据病虫害情况添加杀菌剂和杀虫剂科学防治花生病虫害。

三、技术来源

1. 本技术来源于"大田经济作物优质丰产的生理基础与调控"项目（2018YFD1000900）。

2. 本技术由山东省花生研究所完成。

3. 联系人吴正锋，邮箱 wzf326@126.com。

单位地址：山东省青岛市李沧区万年泉路 126 号，邮编 266199。

黄河流域棉花优质丰产的化控技术

一、功能用途

使用本技术可提高棉花苗期抗旱耐低温的能力，促进苗齐苗壮；在蕾期到花铃期，应用植物生长调节剂延缓或抑制棉花主茎顶芽和果枝顶芽的生长，起到免整枝免打顶的作用；吐絮期使用脱叶催熟剂可以促进叶片脱落、棉铃开裂和集中吐絮，实现机械化收获。该技术简化了"苗期蹲苗炼苗"环节，解决了"人工整枝打顶"造成的漏打、用工多，后期脱叶率和吐絮差，吐絮不集中，不利于机械采收等问题。节本高效，安全、简单、易操作。苗期促根蹲苗，花铃期免整枝、免打顶，吐絮期促进棉铃提早10～15d成熟、吐絮，提高采收效率，全生育期比传统棉花种植亩投入人工减少4～5个，较传统植棉效益每亩提高300元左右，实现节本增效。

该技术适用于黄河流域棉区。

二、技术要点

1. 苗期喷施缩节安，抗逆保全苗

①2～3叶期，"全精控"（40％甲哌鎓泡腾片）的用量不宜过高，一般用量为0.1～0.2g/亩，弱苗可以不调，此时化学调控可促进花芽分化，起到促早发作用。

②5～6叶期，株高17～19cm，主茎日生长量1.0～1.2cm，一般用量0.4～0.6g/亩，壮苗用量偏下限，旺苗用量偏上限。

2. 蕾期至花铃期精确化学调控，塑型免整枝

①蕾期，为塑造棉花理想株型，根据苗情施用"全精控"（40％甲哌鎓泡腾片），一般用量1.0～2.5g/亩。

②初花期，化学调控时需结合水肥调控，"全精控"（40％甲哌鎓泡腾片）用量一般为1～2g/亩，避免过早封行。

③根据当地土壤、棉花长势及棉花品种，结合打顶原则，保障株高90～120cm、果枝数13～14台进行喷药。喷药时间应与当地人工打顶的时间同步进行，一般在7月20日～7月25日喷施化学封顶剂。化学封顶剂（增效型25％缩节安水剂）用量掌握在50～75mL/亩。

④化学封顶后7～10d，为了防止棉花旺长及二次生长，"全精控"（40％

甲哌鎓泡腾片）用量一般为 8～15g/亩。

3. 吐絮期脱叶催熟，实现机械采收

根据当地气候条件、棉花结铃吐絮情况及棉花品种进行用药。通常情况，平均气温≥20℃持续在 5d 以上，铃期≥45d，棉株吐絮率≥35％可喷药。

一般在 9 月 20 日～25 日喷施。长势正常棉田、早熟品种、产量低密度小的棉田、零式或Ⅰ式果枝品种用量较少，需脱叶催熟剂（50％噻苯·乙烯利）80～120mL/亩；长势过旺棉田、晚熟品种、超高密度棉田、Ⅱ式果枝品种用量适当增加，需 50％噻苯·乙烯利 120～180mL/亩。药后 15～20d 收获时脱叶率和吐絮率均可达 90％以上。

4. 注意事项

①DPC 系统化控应遵循少量多次、前轻后重的原则。

②化学封顶技术必须与 DPC 系统化控技术结合。

③喷施化学脱叶催熟剂时，保障对全株进行均匀喷雾。对于密度较大、长势偏旺的贪青晚熟棉田应适当增加脱叶催熟剂用量并采用 2 次喷药，防止叶片"干而不落"。

④脱叶催熟剂施用时应注意天气情况，施药时晴朗无风，施药后 3～5d 无雨，且平均温度以高于 15℃为宜。如遇下雨，要减量重新补喷。

⑤全程化控过程中，若用人工背负式电动喷雾器，亩兑水量苗期 8L，蕾期 15L，花铃期 25L；若机械喷施，亩对水量苗期 15～20L，蕾期 25～30L，花铃期 30～40L；若无人机械喷施，亩对水量均围绕在 1.0～1.2L。

三、技术来源

1. 本技术来源于"大田经济作物优质丰产的生理基础与调控"项目（2018YFD1000900）。

2. 本技术由中国农业大学完成。

3. 联系人李芳军，邮箱 lifangjun@cau.edu.cn。

单位地址：北京市海淀区圆明园西路 2 号，邮编 100193。

油莎豆高产高效机械化栽培技术

一、功能用途

油莎豆作为一种原产非洲的油料作物，耐寒耐旱、适宜沙壤边际土地生长，且亩产油量以及食用油品质都极高，是一个可以用来提高大豆以及我国食用油自给率的适宜作物。但长期以来，受机械化收获效率和亩经济效益的双重限制，我国油莎豆产业化率一直在较低水平下徘徊。

目前油莎豆的产量多在 500kg 上下徘徊，虽然产油量也可达到 100kg 以上，但由于机械化收获效率低、收获成本高，其亩经济效益并不突出。目前，传统生产技术下，每亩生产成本约为：种子 300 元、浇水 300 元、收获 500元、犁耙中耕 100 元、施肥 150 元、除草 150 元，共计 1 500 元。亩产较低、亩经济效益低，成为制约油莎豆产业化的主要因素。本成果通过对油莎豆生物学特性的研究，改变了传统的耕作方式和播期、密度、水肥运筹等技术应变措施，明确了获得油莎豆高产的主攻方向和技术应变措施，从而实现了亩产油莎豆 800kg 以上、亩产油量 160kg 以上的经济技术指标，基本解决了油莎豆生产亩经济效益低的问题。与传统生产技术相比，本成果可使油莎豆亩产 800kg，同时每亩成本约为：种子 400 元、浇水 100 元、收获 200 元、犁耙中耕 100元、施肥 150 元、除草 100 元，共计 1 050 元，与传统办法相比每亩可增效500 元以上。

该技术适用于黄淮油莎豆产区应用。

二、技术要点

1. 油莎豆品种选择

选择中早熟、综合抗性好、生育期 150d 以内的高产高油品种。

2. 整地与施肥

当季油莎豆收获后应尽快清理田园，避免油莎豆块茎遗留在土壤中，并进行翻耕，利用冬季的低温条件清除前茬遗留的油莎豆豆茎和香附子豆茎。4月1 日后，进行春耕准备，及时耕翻，精细整地，做到上虚下实、平整无坷垃。耕地前施足底肥，一般亩施纯 N $6\sim8$kg，P_2O_5 $5\sim7$kg，K_2O $6\sim8$kg；或随播种随施肥，用三元复合肥（氮：磷：钾＝15：15：15）$40\sim50$kg/亩，缺钙地块，每亩增施钙肥（石膏）$40\sim50$kg。

3. 播种

整地后应适期播种，最适播期为 4 月底 5 月初。播种时，应足墒播种，墒情不足时，应造墒播种或播后喷灌补墒。采用机械起垄种植，垄距 60cm，垄高 20cm，垄宽 40cm 左右，一垄双行，垄上播种，行距 20cm，株距 15cm，单穴 3 粒。

4. 水分管理

顺行垄上铺设微喷带，分别于播种后喷水一次、出苗后喷水一次、出苗 10 日再行喷水一次，9 月 1 日后停止浇水。

5. 肥料管理

底肥：用三元复合肥（氮：磷：钾＝15：15：15）40～50kg/亩，6 月 15 日左右，追施尿素 10～50kg/亩。

6. 收获及储藏

10 月 10 日前后或植株上部叶片 2/3 变黄时，下部块茎 70％～80％变褐色，收好田间微喷带，首先采用割草机割去地上部茎叶，割草留茬要低、收草要净，以免影响收获机收获。收获后，及时进行晾晒或烘干，当水分含量降至 15％以下时，入库贮藏。

三、技术来源

1. 本技术来源于"大豆及其替代作物产业链科技创新"项目（2019YFD 1002600）。

2. 本技术由河南省农业科学院完成。

3. 联系人杨铁钢，邮箱 ytgha@126.com。

单位地址：河南省郑州市金水区花园路 116 号，邮编 450002。

谷子白发病防治的种子处理技术

一、功能用途

谷子白发病是一种系统侵染性病害，在谷子不同生育时期表现出芽腐、灰背、白尖、刺猬头等不同症状，并且各种植区均有发生。白发病在特殊年份发病率可达 50％以上，影响谷子产量和品质的提高，严重发病甚至导致绝产绝收。

谷子白发病是一种卵菌病害，由专性寄生系统侵染并通过土壤传播，传统药剂处理往往在发病后期进行防治，防治效果非常有限。通过减少白发病初始菌源量，防止其通过种子侵染，是控制白发病发生的关键技术途径。在播种前进行种子包衣或拌种处理，是控制白发病菌危害最为有效的防治方法之一。

本成果通过优化种子处理悬浮剂及其制备方法，既可防止谷子苗期白发病的发生，又可减少后期白发病的病原基数，实现对谷子白发病的高效防治。种子处理悬浮剂以嘧菌酯为主要活性成分，配合其他防腐抗菌成分以及适宜的助剂，可以形成一种悬浮性能好，黏度适当，热贮藏稳定性等都达到国家标准的高品质种子处理悬浮剂。本方法对谷子白发病的防效优于现有注册登记的甲霜灵干粉剂，对谷子植株的影响几乎没有，且有适当的促生作用。经过测试，本技术对谷子白发病"灰背"的防效超过 98％，"白尖""刺猬头"等症状防效超过 97％。

本技术方法适用于我国东北、西北、华北等谷子白发病高发产区。

二、技术要点

本技术涉及农药制剂技术领域，具体操作流程如下：1.10％～20％嘧菌酯种子处理悬浮剂有效成分制备。每 100g 中包括 10％～20％嘧菌酯、2～3g TRST、4～5g 防冻剂、1.0～1.5g 500LQ、1.0～1.5g Atlox 4913、0.3～0.5g 溴硝醇、0.5～1g 消泡剂、0.2～0.3g 陶氏杀菌剂、0.2～0.3g 苯甲酸、4～5g 成膜剂、2.0～2.5g 2♯红、0.5～1g 硅酸铝镁、2～3g 白炭黑、0.15～0.3g 黄原胶，余量水。其中，所述防冻剂优选为甘油，所述消泡剂优选为 HS-18；2. 辅助成分制备。将除黄原胶和消泡剂之外的组分按比例混匀，加入 1 倍体积左右的锆珠利用高剪切乳化机研磨 60min，之后用丙三醇糊化黄原胶后加入体系中，再研磨 30min，并添加 0.5～1g 消泡剂，过滤获得所述种子处理悬浮剂。3.包衣剂的制备。根据防治目标要求，将有效成分与辅助剂按适宜比例混合，加入适量的水搅成糊状；4.种子包衣。将种子按照合适的比例倒入种衣剂充分搅拌进行种子包衣，对于10％的嘧菌酯种子处理悬浮剂，种衣剂制剂用药量为150g/100kg种子。种子包衣后摊开置于通风阴凉处风干，用于播种备用。

三、技术来源

1.本技术来源于"杂粮作物抗逆和品质形成与调控"项目（2018YFD1000700）。

2.本技术由山西农业大学完成。

3.联系人张宝俊，邮箱 zhangbj992@163.com。

单位地址：山西省晋中市太谷区铭贤南路1号，邮编030801。

高产优质早熟谷子新品种
"晋品谷5号"栽培技术

一、功能用途

谷子具有抗旱、耐瘠薄等特点，是起源于我国的古老粮饲兼用作物，广泛种植于我国北方地区。谷子常年种植面积超过1 500万亩，在我国种植业结构调整、农业生态环境可持续发展等方面具有不可替代的重要作用；谷子用途广泛，粮饲兼用且能酿酒；同时谷子具有独特的营养保健功能，是改善人民膳食结构、保障大众健康的重要食物来源。

目前，我国西北谷子中晚熟区在传统播种时节雨水较少，导致中晚熟品种不能充分表现产量优势，在这些区域推广种植早熟品种可以解决这一生产问题；同时西北冷凉地区也需要用途多样的春谷早熟品种，以满足生产的需要。因此选育早熟优质谷子品种，满足西北地区对春播早熟品种的需求，是当前迫切需要完成的任务。"晋品谷5号"系山西省农科院农作物品种资源研究所选育的高产优质早熟谷子新品种，该品种经农家种长穗黄系统选育，黄谷黄米，粒饱，熟相好；品质优，抗病性好。属春谷早熟品种，较中晚熟品种早熟10～15d，亩产达到410kg，较对照增产6％，增产点率达到100％。该品种可以满足我国西北地区对早熟性春谷品种的需求，并促进谷子品种的更替。尤其针对无霜期较短的冷凉地区，可以满足农民对不同类型品种的需求，对提高当地谷子产业水平、农民脱贫致富以及新农村建设具有重要意义。

该技术应用于"晋品谷5号"的种植栽培和病虫害防治，适用于山西大同、朔州、忻州等区域。

二、技术要点

特征特性：幼苗叶鞘绿色，主茎高146cm，穗圆筒形，穗紧，刚毛短，穗颈长、强弯，穗长32.9cm，穗粒重27.3g，千粒重3.6g，黄谷黄米，粒饱，熟相好。生育期110d左右，属春谷早熟品种。

品质指标：粗蛋白（干基）11.53％；粗脂肪（干基）4.23％；粗淀粉（干基）82.46％，其中直链淀粉（占样品干重）17.13％。品质分析3项结果均超过优质食用粟二级优质米标准（河北省地方标准DB/7300.B22）。

抗病性：自然条件下抗谷瘟病，抗白发病，中抗谷锈病。

栽培技术要点：适期播种，播前施足有机肥，亩增施磷肥 40kg，作底肥一次深施，有条件最好秋施肥。做好种子处理及病虫害防治。亩播量精量机播 0.3～0.5kg，传统耧播 0.8～1.0kg，亩留苗：穴播 7 000 穴左右，4～5 叶期间苗，每穴 4～5 株，条播 2.5 万～2.8 万株。

三、技术来源

1. 本技术来源于"杂粮作物抗逆和品质形成与调控"项目（2018YFD 1000700）。

2. 本技术由山西省农业科学院农作物品种资源研究所完成。

3. 联系人王海岗，邮箱 nkypzs@126.com。

单位地址：太原市小店区龙城北街 161 号，邮编 030031。

优质高产广适抗倒抗除草剂谷子新品种"豫谷31"栽培技术

一、功能用途

"豫谷31"是以"豫谷18"为轮回亲本多代回交选育的谷子新品种,该品种具有抗除草剂、适应性广、抗倒伏、适合机械化收获等特点。改变了谷子只能小规模种植的局面,实现了谷子全程机械化、规模化生产,适应了现代生产方式,迅速成为华北夏谷区规模化生产和优质米开发的骨干品种。

该技术应用于"豫谷31"的栽培、田间管理、病虫害防治,适用于辽宁省西部、吉林省大部分平原区,新疆昌吉以南,内蒙古中东部、陕西省中北部春谷区和河南、河北、山东夏谷区。

二、技术要点

1. 播种

播期:春播时间5月20日左右,夏播时间6月10日—25日为宜。播种深度3～5cm,行距35～40cm,亩播量0.3～0.4kg,贴茬田亩播种量0.5～0.6kg,墒情较好或者有喷灌条件的适当减量。

2. 田间管理

①定苗:亩留苗数4万～5万株,晚播夏谷密植,每亩留苗6万～8万株。

②除草:谷子3片叶时,亩施10%拿捕净100mL防治狗尾草、马唐、稗草等单子叶杂草,5～6片叶后,用二甲四氯钠盐+噻吩磺隆防治双子叶杂草。

③追肥:一般肥力地块谷子生长季进行两次追肥,分别在拔节期和灌浆期,施尿素10～15kg/亩、5～10kg/亩,肥力较好的地块追肥一次,于抽穗前结合浇水追施尿素10～20kg/亩。在谷子生育后期,选用磷酸二氢钾500倍液50～60kg/亩进行叶面喷洒,对促早熟,减少秕谷,提高千粒重,有明显效果。

④浇水:夏谷一般苗期不浇水,孕穗期和抽穗期要保证水分供应,以防"卡脖旱"。灌浆期如果过分干旱,可适当浇小水,注意避开大风天,以防倒伏。

3. 病虫害防治

谷瘟病:在田间初见叶瘟病斑时,可选用75%三环唑乳油1 000～1 500

倍液，或用 6% 春雷霉素可湿性粉剂 1 000 倍液喷雾，或克瘟散 40% 乳剂 500～800 倍液喷雾防治；视病情轻重，间隔 5～7d 可再喷 1 次。穗瘟发病较重品种，可在齐穗期再防治 1 次。

4. 收获

①收获时期：一般以蜡熟末期或完熟初期收获最好，即谷穗颜色变为该品固有的色泽、籽粒变硬，就要及时收获。

②收获方式：天气好时，大型收割机以切流式联合收割机效果较好，如佳木斯 W70、W80，常发佳联 CF505、CF504A，需要专业人员调整后才能使用。

三、技术来源

1. 本技术来源于"杂粮作物核心资源遗传本底评价和深度解析"项目（2019YFD1000700）。

2. 本技术由安阳市农业科学院谷子研究所完成。

3. 联系人宋慧，邮箱 songhui@nwsuaf.edu.cn。

单位地址：河南省安阳市文峰区文明大道东段 833 号，邮编 455000。

谷子新品种"冀谷39"轻简栽培技术

一、功能用途

"冀谷39"是非转基因抗除草剂新品种,兼抗拿捕净和咪唑啉酮2种除草剂。与传统谷子品种相比,"冀谷39"具有以下优势。

1. 栽培省工省时

"冀谷39"由长相完全一致的双抗除草剂、单抗除草剂的同型姊妹系组配而成,喷施除草剂可以实现间苗和除草;由于兼抗咪唑啉酮,"冀谷39"在大豆、花生等使用咪唑啉酮类除草剂的后茬种植谷苗不会产生药害;"冀谷39"抗病抗倒,株高120~130cm,适合机械化生产。

2. 品质突出

小米粒大金黄,适口性好,一级优质。一般的谷子品种脂肪含量较高,且容易氧化酸败的亚油酸含量高,加工成的食品保质期较短。"冀谷39"籽粒脂肪含量2.9%,淀粉含量67.13%,符合国家谷子糜子产业技术体系合同规定的籽粒淀粉低于3.5%、淀粉含量高于65%的适合主食加工的指标要求。

3. 高产稳产

冀鲁豫夏播平均亩产387.1kg,较对照增产9.37%;东北联合鉴定平均亩产360.1kg,与对照持平。2018—2019年参加全国农业技术服务中心组织的登记品种展示,"冀谷39"山西晋中试点亩产328.5kg,较对照增产46.7%,内蒙古敖汉旗试点亩产327.8kg,较对照增产6.2%。生产示范最高亩产600kg。

4. 适应性广

"冀谷39"对光温反应不敏感,适应性广,不仅能在河北中南部、河南、山东及新疆南疆麦茬夏播或丘陵旱地晚春播,夏播生育期93d左右;还可在辽宁中南部、吉林东南部、山西中部、陕西中部、内蒙古东部、新疆北疆春播等年无霜期160d、年有效积温2 800℃以上地区春播种植,春播生育期122d左右。在北京、河北秦皇岛等传统一年一熟区,"冀谷39"与小麦、豌豆等接茬,7月初播种仍能成熟,实现了一年两熟。

该技术应用于"冀谷39"的种植、栽培和田间管理,适用于河北中南部、河南、山东、新疆南疆、辽宁中南部、吉林东南部、山西中部、陕西中部、内蒙古东部、新疆北疆春播等地区。

二、技术要点

1. 播种期

冀鲁豫夏谷区适宜播期 6 月 15 日至 7 月 5 日，最晚 7 月 10 日播种仍能成熟；冀中南太行山区、冀东燕山地区、北京、豫西及山东丘陵山区、辽宁南部春谷区种植适宜播期 5 月 10 日至 6 月 10 日；在辽宁西部和吉林春播适宜播期 4 月 25 日至 5 月 10 日。

2. 播种量与适宜留苗密度

每亩播种量 0.4～0.5kg，适宜亩留苗 3 万～5 万株。

3. 间苗、除草剂使用

春夏播均可在谷子 5～7 叶期，杂草 2～4 叶期，出苗后 15～20d，春播每亩喷施 12.5％拿捕净 100mL 和 20％氯氟吡氧乙酸异锌酯 80mL，兑水 50kg。夏播每亩喷施 12.5％拿捕净 100mL，混合喷施咪唑啉酮类除草剂 100mL（5％咪唑乙烟酸或 4％甲氧咪草烟），或单独喷施咪唑乙烟酸 150mL。喷施除草剂 5～10d 杂草和部分谷苗逐渐死亡，不需人工除草间苗。注意除草剂要在无风晴天喷施，防止飘散到其他谷田和其他作物上，垄内和垄间都要均匀喷施。注意喷施除草剂前后严格用洗衣粉洗净喷雾器。

4. 谷子封垄前结合中耕培土每亩追施尿素 15～20kg。

其他管理同一般谷子品种。

三、技术来源

1. 本技术来源于"禾谷类杂粮提质增效品种筛选及配套栽培技术"项目（2019YFD1001700）。

2. 本技术由河北省农林科学院谷子研究所完成。

3. 联系人程汝宏，邮箱 rhcheng63@126.com。

单位地址：河北省石家庄市高新技术产业开发区恒山街 162 号，邮编 050035。

一种高通量筛选适合深播的
高粱品种的方法

一、功能用途

基于高粱品种中胚轴伸长能力与田间直播出苗情况存在显著正相关的特性，本成果提供了一种高通量筛选适合深播高粱品种的技术，在黑暗条件下采用水培法培养高粱种子，以中胚轴伸长特性为指标，使得筛选出的适合深播品种在旱地直播时能够耐受 20cm 以上播种深度，且能够正常出苗。

传统评价高粱品种是否耐深播，主要是通过覆盖不同深度土（沙）层的土培和沙培的方法，调查出苗相关性状来进行。本成果的创新点在于：通过利用高粱中胚轴伸长能力与田间直播出苗存在显著正相关，且中胚轴受光抑制的特性。以黑暗条件下水培高粱中胚轴伸长特性为指标，间接筛选耐深播的高粱品种。本方法操作步骤简便，只需将种子播种在附着纱网的泡沫板圆孔中，再漂浮在盛有自来水的塑料周转箱内，黑暗培养即可，且培养过程中无须补水，培养结束后可直接取幼苗测定中胚轴长度；实验周期大幅缩短，从播种到性状调查结束可在 10d 内完成；筛选效率高，在 $40m^2$ 的人工气候室内一次可同时鉴定上千份高粱品种；结果重复性好，提供一致的生长环境，能有效排除土培鉴定法中因覆土和浇水等不均匀而引起的实验误差；结果可靠性高，品种间中胚轴伸长能力差异明显，与盆栽覆土实验验证的结果一致。

高粱采用常规播种深度（一般为 5cm 左右），在播种至出苗期如发生干旱，就会因耕层含水量不足，种子难以萌发和出苗，出现缺苗断条，影响田间苗数，导致减产。播种过深（超过 9cm），增加了幼苗穿出土层的厚度和出土阻力，芽鞘出土困难，幼苗在土内放叶并黄化而死亡。采用耐深播的高粱品种，可以有效利用深层土壤的水分，保证旱区高粱播种后顺利出苗，提高农业生产效率和水资源利用率。用本方法筛选出来的耐深播品种，可在北方干旱、半干旱和山区缺水条件下种植。

二、技术要点

本成果的技术方案包括以下方面：

①高粱水培装置。在塑料周转箱内放置的幼苗培养漂浮板规格为（580×

395×17）mm，其上均匀分布着 77 个直径 4cm 的圆孔，下面用玻璃胶固定 16 目纱网，规格为（580×395）mm。

②播种和幼苗培养。每个品种选择饱满，无破损的种子 90 粒。将种子播种在附着纱网的泡沫板圆孔中，每个重复 30 株，3 次重复。播好后，将泡沫板置于盛有 28L 自来水的塑料周转箱中，在人工气候室培养，温度设定为 28℃，无须光照。

③中胚轴的测定。1 周后结束黑暗培养，测定每个重复 10 株幼苗的中胚轴平均长度。

④适合深播品种的确定。当待测高粱的中胚轴长度≥12cm 时，判定该待测高粱品种适合深播，播深 8～10cm。

三、技术来源

1. 本技术来源于"杂粮作物抗逆和品质形成与调控"项目（2018YFD1000700）。

2. 本技术由浙江省农业科学院完成。

3. 联系人邹桂花，邮箱 zouguihuazw@163.com。

单位地址：浙江省杭州市江干区石桥路 198 号，邮编 310021。

酿酒用糯高粱品种"辽粘3号"及配套轻简栽培技术

一、功能用途

"辽粘3号"是酿酒用糯高粱品种。具有如下优良特征：

1. 品质突出。"辽粘3号"，生育期120d，旱作平均株高175cm左右，红粒，总淀粉高达78.09%、支链淀粉占总淀粉的97.32%，淀粉含量比主栽常规糯高粱品种平均高10%，在糯高粱品种中淀粉含量最高，是优异酿酒原粮。

2. 抗性好。"辽粘3号"活秆成熟，高抗叶病，抗丝黑穗病，抗旱、抗涝、抗倒伏。

3. 高产稳产。在辽宁地区，旱作产量600kg/亩左右，膜下滴灌一般700～800kg/亩，最高产量达900kg。2016年辽宁北镇种植2 100亩，经陈温福院士为组长的专家组测产，亩产达到718.2kg。

4. 单宁含量1.47%，契合酿酒需求；出酒率比当地常规糯高粱品种提高5～10个百分点，整体水平处于全国领先。

"辽粘3号"以其优异的品质、良好的丰产性和综合抗性获得了企业和种植者的青睐，成为很多酒业的优质原料。通过酿酒用糯高粱品种"辽粘3号"及配套轻简栽培技术的推广应用，可以迅速为酒业打造出优质专用原料基地，提升白酒质量，大幅度增加企业和农民的收益。

该技术应用于"辽粘3号"的配套轻简栽培、肥料高效施用、病虫害防治等方面，适用于东北、西北春播中晚熟区和晚熟区。

二、技术要点

1. 选地

"辽粘3号"是一个增产潜力较大的糯质高粱杂交种，在适宜地区选择肥力中上等或水肥条件较好的地块能充分发挥该品种的高产潜力，以获得最高的产量及收益。

2. 选茬与整地

前茬选择未使用剧毒、高残留农药的大豆、小麦、玉米茬。垄作要秋翻秋起垄。耕层20～25cm，做到无漏耕、无坷垃，及时起垄，起垄后及时镇压，做到翻耙、起垄、镇压连续作业。平播高粱，要秋翻、秋耙，整平耙细，达到待播状态。

3. 播种

亩播种量 0.5～0.75kg，根据当地土壤和温度情况选择播种时间，一般 10cm 耕层温度稳定通过 12℃以上可以播种。适时采用精量或半精量播种，降低间苗压力，节本增效。播种做到深浅一致，覆土均匀，镇压后播深达到 2cm 左右。

4. 肥料高效施用

每亩施农家肥 3 000kg 左右作底肥、磷酸二铵 10kg 作种肥，适当施用钾肥，20～25kg 尿素作追肥。也可以施用一次性缓控释肥料，每亩 40kg 左右。

5. 草害防治

使用高粱专用除草剂，建议使用苗前除草剂。

6. 病虫害综合防控

播种时使用种衣剂包衣，苗期注意粘虫，喇叭口期注意蚜虫、螟虫，灌浆期注意螟虫、棉铃虫等虫害发生动态，及时防控。

7. 收获

依据品种特性及销、储方式确定最佳收获时期，有条件的地区可以采用机械直接收获籽粒。

三、技术来源

1. 本技术来源于"禾谷类杂粮提质增效品种筛选及配套栽培技术"项目（2019YFD1001700）。

2. 本技术由辽宁省农业科学院高粱研究所完成。

3. 联系人邹剑秋，邮箱 *jianqiuzou@126.com*。

单位地址：辽宁省沈阳市沈河区东陵路 84 号，邮编 110161。

菜用甘薯新品种"薯绿2号"栽培技术

一、功能用途

近年来，人们对绿色保健蔬菜的需求日益增加，被誉为"蔬菜皇后""长寿菜"的菜用甘薯宜炒食、味甘、质滑、无公害、营养丰富且具有较高的医疗保健作用，在中国香港、广东、浙江、上海、福建等地沿海经济发达城市销售供不应求，市场前景十分看好。

菜用甘薯为旋花科植物，在高温高湿的环境条件下，茎叶生长良好，病虫害危害较轻。甘薯茎尖的亚硝酸盐含量低于 4.0mg/kg，硝酸盐含量符合 1 级蔬菜限量标准，品质上乘，是理想的绿色保健蔬菜。菜用甘薯具有耐旱、耐瘠、适应性广、恢复生长快等特点，较容易做到周年生产、周年供应，尤其在叶类蔬菜生产淡季或台风、水灾等偶发自然灾害过后，菜用甘薯是理想的补充蔬菜。

"薯绿2号"茎尖丰产性和稳产性好，营养保健价值高，可补充春季叶菜种类缺乏的问题。平均亩产 3 000kg 左右，市场价格 3～5 元/kg，亩产值 1 万元左右，有助于推动我国农业种植业结构调整和区域性农产品产业优化布局，对于促进农产品初级加工等相关行业的发展和农业增收增效，实现社会经济全面可持续发展具有积极的意义。

该技术应用于"薯绿2号"的种植栽培，适用于江苏、山东、河南、浙江、四川、广东、福建等地区。

二、技术要点

品种特性：半直立，茎端无茸毛，叶形缺刻，顶叶绿，茎色绿，茎尖烫后颜色绿，有香味，略有甜味，有滑腻感，较脆。在国家菜用甘薯联合 2018～2019 年鉴定试验中，该品种茎尖在全国 9 个承试点、两年平均产量为 3 681.01kg/亩，比对照平均增产 28.8%，品质性状鉴定综合评分 78.9 分，品质性状综合鉴定高于对照。

栽培要点：整地时，应重施有机肥，每亩施 3 000kg 腐熟有机肥和 20kg 复合肥做底肥。一般平畦种植，畦宽 100～130cm，株行距 20（可以到 15cm）cm×30cm（可以到 20cm），每亩种植密度 11 000 株左右；扦插后的整个发根期间保持空气相对湿度为 80%～90%，温度为 25～30℃。促进扦插节段快速发根。

薯苗成活后应及时"摘心打顶"，以促分枝。栽种后 15～20d，每亩施尿素 5～10kg 提苗促壮。连续采收 2 次后需每亩施尿素 10～15kg。在生产期间须常浇水或喷淋，以保持畦面土壤湿润，有利于薯芽生长鲜嫩。

温度和湿度决定了菜用甘薯的生长速度，根据茎尖生长情况适时采收10～15cm 左右鲜嫩茎尖。采收后进行修整、分拣和捆装。对于较大采摘伤口，可统一用干净的刀片切除，减小伤口与空气接触面积。

三、技术来源

1. 本技术来源于"杂粮作物抗逆和品质形成与调控"项目（2018YFD1000700）。

2. 本技术由江苏徐淮地区徐州农业科学研究所完成。

3. 联系人戴习彬，邮箱 799341277@qq.com。

单位地址：江苏省徐州市鼓楼区高铁站北，邮编 223131。

优质食用甘薯品种"苏薯16"栽培技术

一、功能用途

"苏薯16"是一个优质食用型甘薯品种,富含胡萝卜素,与传统老品种相比,"苏薯16"具有鲜薯产量高、熟食品质优、商品性好等特点,深受市场的青睐。优质高产食用甘薯品种"苏薯16"及配套的高产栽培技术的推广应用,可解决生产上优质食用甘薯品种缺乏及栽培技术不配套的问题,为市场提供优质甘薯品种,提高农民的种植效益,"苏薯16"的种植效益与传统老品种相比每亩增产增收400元以上。"苏薯16"适宜在江苏、江西、安徽、重庆、湖南、河北等省(市)作为优质鲜食型甘薯品种种植。

该技术应用于"苏薯16"的种植栽培、病虫害防治,适用于江苏、江西、安徽、重庆、湖南、河北等省市的优质鲜食型甘薯品种种植区域。

二、技术要点

"苏薯16"是江苏省农科院粮食作物研究所选育的一个优质食用型甘薯品种,该品种2015年获"冠亚山"杯全国甘薯擂台赛冠军,2018年获国家联合攻关首届食味十佳甘薯品种。"苏薯16"薯形纺锤形,薯皮紫红色,薯肉橘红色,单株结薯数5个左右,干物率27%,总可溶性糖4.46%,胡萝卜素含量3.91mg/100g,薯形光滑整齐,熟食品质好,耐贮藏,抗黑斑病,中抗根腐病。"苏薯16"可作春、夏薯种植,由于该品种结薯数较多,品质优,可作为优质小香薯种植,适宜早收,亩效益可达4 000元以上。"苏薯16"作为一般的优质食用薯种植栽插密度以每亩3 000~3 500株为宜,每亩施45%的复合肥40kg,另加施10kg硫酸钾,条施可适当减少,做垄后栽插前喷施甲草胺封闭防治草害,用毒死蜱掺土穴施防治地下害虫。

三、技术来源

1. 本技术来源于"双子叶杂粮高效育种技术与品种创制"项目(2019YFD1001300)。

2. 本技术由江苏省农业科学院完成。

3. 联系人谢一芝,邮箱 xyz@jaas.ac.cn。

单位地址:江苏省南京市玄武区钟灵街50号,邮编210014。

早熟优质紫甘薯"徐紫薯8号"高效栽培技术

一、功能用途

"徐紫薯8号"萌芽性较好,茎尖生长势强;中短蔓,分枝数多;叶片深缺刻,叶色绿;紫皮深紫肉,薯块长柱形。与其他紫肉甘薯品种相比,"徐紫薯8号"具有早熟优质、高产高淀粉、适应性广、花青素含量高、用途广等特点,既可以鲜食,也可以作为紫薯全粉类、淀粉加工、发酵类等产品原料,茎尖可做菜用,适宜在我国大多数地区推广种植。

该技术应用于"徐紫薯8号"的种植、栽培和田间管理,适用于我国大多数地区。

二、技术要点

北方及长江中下游薯区4月上中旬即可种植。鲜食用起垄栽插,垄距80～90cm,株距20～23cm,水平或船形栽插,2～3个节位水平栽入土中。每亩可施50～100kg有机肥,10kg钾肥。生长期80～90d(7月上中旬)上市,销售价格高,产量1 000kg/亩左右;其他鲜食用适宜生长期100～130d。加工用起垄栽插,垄距80～90cm,株距22～25cm,水平或船形栽插,2～3个节位水平栽入土中。每亩可施50～100kg有机肥,20kg钾肥。适宜生长期在135～150d。茎尖菜用畦作,畦宽100～120cm,株行距为20cm×20cm左右,垂直栽插。每亩可施100～150kg有机肥。栽后25～30d,主蔓打顶,适期采收茎蔓10cm左右茎尖,以幼嫩为原则;7～10d采收一次。每次采收后,根据长势可酌情撒施少量速效氮肥,并适量浇水。

三、技术来源

1. 本技术来源于"双子叶杂粮高效育种技术与品种创制"项目(2019YFD1001300)。

2. 本技术由江苏徐淮地区徐州农业科学研究所完成。

3. 联系人李强,邮箱instrong@163.com。

单位地址:江苏省徐州市鼓楼区鲲鹏路北段,邮编221131。

健康优质红薯种苗本地化栽培技术

一、功能用途

我国国内各大薯区种薯调运不畅，种薯进入育苗基地苗床时间普遍偏晚。春耕所需健康优质红薯种苗面临短缺状况，各大种植基地反馈春耕种苗存在不同程度缺口。为最大限度减低优质种苗匮乏可能引起的产量损失，本项目依托单位从整理完成的种质库列表中优选了部分可以替代淀粉用、烤薯用、鲜食用等针对不同市场的替代品种发给各地育苗大户指导育苗工作；调运部分种苗到特大型种植基地（万亩规模以上），在这些大型种植基地，采取本地化策略：新建种苗繁育大棚和立体种苗水培架和土培繁殖架，来减少人力，增加大棚所能容纳的种苗数量，大规模的量产优质的水培苗以及土培苗，以此来辐射周边省市地区的种植户以及种植基地，为他们提供优质放心的苗子，就地解决5月种苗供应问题，做好春耕准备工作。

建立种苗水培架和土培繁殖架不仅可以大大增加棚内所能容纳的种苗数量，在上面培育出来的种苗与传统土培所产生的种苗相比，不仅数量多（同等大小的温棚，采用水培架的话，所能育苗的数量至少是传统土培的3倍以上），品质好，还大大缩短了培育时间。种苗水培架以及土培繁殖架适用于各个大棚种植基地在棚内使用，调控好棚内的温湿度，以及施加营养液的含量就可以，操作简单，大大减少了传统土培育苗的人工照料成本，此外采取信息化手段，实时监测各地育苗大棚温湿度状况，通过网上所监测收集的温湿度数据，对标找差，来指导各基地协同作战，步调一致，备苗春耕。生产大量优质的种苗，提供给各地的红薯种植户来种植红薯。

二、技术要点

立体种苗水培架：将从项目依托单位从整理完成的种质库列表中优选的部分可以替代淀粉用、烤薯用、鲜食用等针对不同市场的替代品种的组培苗原种，依次分发到各大种植基地。

①收到组培苗后，将其从瓶内轻轻取出，将根部表面的培养基置于水中，洗去培养基，将根捋顺。然后将其置于定植篮中；

②将配好的营养粉末按照 $1m^3$ 水加 $1kg$ 的比例放于水池中；

③将不同品种放入到不同管道中，做好标记，计数；

④头 3d 要仔细照看，4d 左右，将明显死亡的苗取出。计数；

⑤10d 左右后将营养粉的比例调整为 $1m^3$ 水加 2kg；

⑥大约 15～20d 左右的时候可以剪苗，剪苗高度 10cm 左右，要在原苗上留 2～3 个芽尖使其继续发芽生长。剪下的苗就是优质的种苗；

⑦水池要勤检查，如营养液过少时要按以上比例重新添加，如有发现藻类苔藓的产生，要将水抽出把它们清洗掉。平常要将水池盖住避光。水池中营养液内的氧气含量，ec 值要注意，以及大棚内的温湿度情况。这样生产出来的种苗产品质量好；可以适应市场需求，可在同一场地进行周年栽培；不需中途更换营养液，节省肥料；经济效益高；是一种良好的解决淡季供应的方式。

立体土培繁殖架：与水培架相仿，同样是为了节省空间增大产量，只不过代替传统土壤的由水变为了基质。它是将组培苗的根系固定在有机或无机的基质中，通过滴灌或细流灌溉的方法，供给组培苗配好的营养液。由于基质栽培的营养液是不循环的，可以避免病害通过营养液的循环而传播。这种方法缓冲能力强，不存在水分、养分与供氧气之间的矛盾，且设备较水培，甚至可不需要动力，投资少、成本低。同样可以在短期内培育出大量优质的种苗，为我们实行红薯本地化供给提供了更多的选择。

在立体水培与土培架中，我们安装了温湿度记录仪，来监控各个棚内的温湿度情况，一旦出现温湿度异常，可进行调控，确保各个大棚的温湿度适宜。

三、技术来源

1. 本技术来源于"杂粮作物核心资源遗传本底评价和深度解析"项目（2019YFD1000700）。

2. 本技术由上海辰山植物园完成。

3. 联系人杨俊，邮箱 jyang03@sibs. ac. cn。

单位地址：上海市松江区辰花路 3888 号科研中心，邮编 201602。

高产大粒蚕豆品种"青蚕14号"栽培技术

一、功能用途

大粒蚕豆具有青海蚕豆的特点，青海蚕豆品种基本能够适宜于我国春蚕豆种植区域。蚕豆品种"青蚕14号"属春性，中晚熟品种，百粒重180～200g，该品种籽粒粗蛋白含量27.23％，淀粉41.19％，脂肪1.04％，粗纤维（干基％）2.37％，适宜发展蚕豆芽菜和油炸蚕豆、鲜豆瓣速冻等加工产业。产量300～400kg/亩，小区域高达500kg/亩。

我国传统的蚕豆生产人工种植、除草、收割、脱粒以及商品或种子加工等重要环节均需人工，致使蚕豆生产劳动强度大、生产成本高和生产效率低。蚕豆生产最大的制约因素是机械化和化学除草问题。该成果配套化学除草与机械化联合收割技术。与传统蚕豆生产最大的创新点是转变生产方式，提高生产效率，改变传统的人工种植的模式。解决蚕豆生产劳动强度大、机械化水平低、生产成本高和生产效率低的根本问题，种植"青蚕14号"的种植效益在1 500～2 000元/亩，配套高效生产技术后，成本降低300元/亩以上，生产效率提高20倍左右。

"青蚕14号"及其配套技术适宜我国北方春播区，已在青海、宁夏、甘肃、新疆、内蒙古等省区大面积推广应用。

二、技术要点

①与麦类或薯类作物合理轮作。

②适宜种植区域于土壤解冻后，及时早播，一般在3月中下旬至4月上旬。

③播种前，采用二甲戊灵等有效除草剂土壤处理防控前期杂草；施有机肥100～200kg/亩，复合肥15～20kg/亩作为底肥施入。

④选用合适的播种机播种，平均行距30～40cm，株距14～16cm，平均有效密度1.2万～1.4万株/亩。

⑤开花期采用排草丹＋精喹禾灵（高效盖草能）防控田间杂草。并注意预防蚜虫等田间害虫。

⑥田间植株 90％以上荚呈现黑色及时收获。人工收获可以适时早收；可选择蚕豆专用联合收割机收割时，必须田间植株和杂草均已干枯，必要时采用人工杀青。

三、技术来源

1. 本技术来源于"双子叶杂粮高效育种技术与品种创制"项目（2019YFD 1001300）。

2. 本技术由青海省农林科学院完成。

3. 联系人刘玉皎，邮箱 13997058356@163.com。

单位地址：青海省西宁市宁大路 253 号，邮编 810016。

"云豌18号"早春季节田间管理与生产技术

一、功能用途

"云豌18号"为中熟鲜食籽粒类型豌豆新品种，可溶性糖分5.2%，较生产上用的普通品种具有吃味鲜甜，品质优异特点。株型半蔓生，兼顾产量并具有一定抗倒伏能力；单荚粒数7.6粒，较普通品种高2～3粒，商品性突出；荚型直，荚质硬，耐储藏运输。

该技术应用于"云豌18号"早春季节的田间管理和生产，适用于豌豆秋播区，海拔1 100～2 400m的蔬菜产区及生境条件近似的豌豆产区。

二、技术要点

"云豌18号"是长江流域的云南、四川、贵州、重庆、广西等秋播豌豆产区适应性及品质优异的品种。目前生产上花荚期、鲜产品上市高峰期及鲜食产品销售末期并存。为做到防疫生产两不误，促进"云豌18号"主栽区增产增收，整枝保花荚、追肥浇水促生长、预防病虫害追品质、实时采收增效益为当务之急。

整枝保花荚：处于花荚期且用于生产鲜食产品的豌豆需要及时去除部分高位分枝和发育迟缓、荚型不正常分枝等，以保证豆荚正常优质生长。在植株花期用剪刀去除多余分枝，主茎分枝保留3～4个即可。

追肥浇水促生长：根据土壤水分墒情，田间土壤水分含量低于20%则需要进行田间灌水1次。旱地种植豌豆一般采取喷灌或者滴灌等节水方式补充花荚期所需要的水分。肥力较差的地块按照每亩20kg钙镁磷和10kg尿素根外追施。同时喷施1次磷酸二氢钾等叶面肥，促进花荚生长。

预防病虫害追品质：病害防治白粉病、锈病、褐斑病及病毒病，虫害防治蚜虫、潜叶蝇、螟虫等，预防为主。虫害的防治以物理防治为主，化学防治为辅。物理防治采用田间安插蓝色、黄色粘虫板以及杀虫灯诱杀成虫。

实时采收促效益：食嫩荚型品种，在幼荚充分长大、尚未开始鼓粒时采收；食青豆粒型品种，在荚鼓粒饱满、籽粒种脐颜色显黄时采收；食嫩尖型品种，在开花以前适时采收嫩尖。

三、技术来源

1. 本技术来源于"双子叶杂粮高效育种技术与品种创制"项目（2019YFD1001300）。

2. 本技术由云南省农业科学院粮食作物研究所完成。

3. 联系人何玉华，邮箱 hyhyaas@163.com。

单位地址：云南省昆明市盘龙区北京路 2238 号，650224。

高产优质适宜机械化收获红小豆
新品种"冀红 20 号"栽培技术

一、功能用途

"冀红 20 号"是以引自山西的大粒红小豆为母本，河北省农林科学院粮油作物研究所育成的新品系"9901-1-1-2"为父本，通过杂交、定向选择、鉴定、试验、培育而成的新品种。该品种具有高产、稳产、优质、抗病、抗倒、植株直立、结荚集中，适宜一次性机械化收获等特性。该品种的选育成功解决了目前河北省红小豆生产中存在的机械化收获特性差、人工收获费时费力费工等问题，实现了高产优质、轻简高效等特性的统一。该品种籽粒大，种皮红色有光泽，饱满整齐，商品性好，适宜外贸出口和豆沙产品加工。在发展优质高效杂粮杂豆生产、促进原粮出口及食品加工等方面具有较强的市场竞争力，并为农民增收、企业增效提供了新的红小豆品种。该品种的示范应用将促进农业供给侧改革和种植结构调整，促进原粮出口和精深产品加工，具有较好的社会效益。

该技术应用于"冀红 20 号"的播种、田间管理、病虫害防治、机械化收获，适用于北京、天津、河北、辽宁、吉林、陕西、河南等区域夏播区和春播区。

二、技术要点

"冀红 20 号"适宜夏播，平均生育期 97d，为有限结荚习性，株型紧凑，直立生长，株高 56.5cm，主茎分枝 3 个，主茎节数 18.9 节，叶片卵圆形，深绿色，较大，花浅黄色。单株结荚 27.7 个，荚长 9.1cm，圆筒形，成熟荚黄白色，单荚粒数 7.7 粒。籽粒短圆柱形，种皮鲜红色，百粒重 17.6g，为大粒种。田间自然鉴定抗病毒病、叶斑病和锈病。河北省区域试验平均产量为 2 410.65kg/hm²，较对照品种"冀红 9218"增产 17.23%，增产达极显著水平，居参试品种第 1 位。生产试验平均产量 2 112kg/hm²，较对照增产 16.75%。该品种的育成实现了高产优质与轻简化生产的统一。

主要技术要点：夏播区播期 6 月 15～30 日，最迟不得晚于 7 月 5 日。春播区播期 5 月 10～20 日。播种量 37.5～45kg/hm²，播种深度 3～5cm，行距

50cm。种植密度中高水肥地 12.0 万～15.0 万株/hm²，干旱贫瘠地 16.5 万～19.5 万株/hm²。播种后出苗前，喷施适宜小豆田的除草剂进行土壤处理，如 96％金都尔乳油（精—异丙甲草胺），用量参照说明书；第一片三出复叶展开后间苗，之后视苗长势情况定苗；出苗后封垄前，视田间杂草发生情况，定向喷施 15％乙羧氟草醚乳油和 15％精稳杀得乳油，防治田间禾本科杂草和阔叶杂草；苗期间苗后、现蕾期和盛花期及时防治蚜虫、地老虎、棉铃虫、红蜘蛛、豆荚螟、棉铃虫、蓟马等。低产田在分枝期或开花初期，追施尿素（75kg/hm²）可起到保花增荚的作用。苗期不旱不浇水，花荚期视苗情、墒情和气候情况及时浇水。80％的荚成熟时，使用联合收割机一次性收获。收获后及时晾晒及清选，籽粒含水量低于 14％时可入库贮藏，并用磷化铝熏蒸，以防豆象危害。适宜平作或间作套种，忌重茬，2～3 年后注意倒茬。

三、技术来源

1. 本技术来源于"杂粮作物核心资源遗传本底评价和深度解析"项目（2019YFD1000700）。

2. 本技术由河北省农林科学院粮油作物研究所完成。

3. 联系人刘长友，邮箱 35931915@qq.com。

单位地址：河北省石家庄市高新区恒山街 162 号，邮编 050035。

高抗豆象绿豆新品种"冀绿17号"栽培技术

一、功能用途

绿豆储藏过程中的豆象危害一直是困扰农民和商家的主要难题。在豆象的一个生活周期内，危害损失率可达30%以上，成虫羽化后引起第二次侵染，发生严重时可在2~3个月内造成整仓绿豆全部受损。针对这一问题，河北省农林科学院粮油作物研究所通过抗豆象资源V1128与"中绿1号"杂交获得的抗豆象4号和"冀绿7号"为亲本，通过杂交、回交、分子标记辅助选择、室内抗豆象鉴定及定向选拔等技术手段，完全自主创新育成了高抗豆象绿豆新品种"冀绿17号"，是河北省育成的第二个抗豆象绿豆品种。该品种属于早熟品种，直立型生长，抗倒性好，田间抗病鉴定表现抗病毒病、叶斑病和白粉病，室内抗豆象鉴定表现高抗绿豆象和四纹豆象。有限结荚习性，结荚集中，成熟一致，不炸荚，适于一次性收获，籽粒适于生产绿豆芽、外贸出口、淀粉加工。

与第一个抗豆象绿豆品种"冀绿15号"相比，"冀绿17号"在产量、抗倒性方面有较大改进。该品种的成功选育实现了抗豆象、高产、早熟、直立抗倒、株型紧凑、成熟一致等优异性状的聚合。有助于解决我国绿豆储藏过程中豆象危害问题，提高了抗豆象品种的产量和品质，降低了贮藏成本，减少环境污染，为农民增收、企业增效提供新品种，促进绿色农业产业的发展，具有较好的社会效益。

该技术应用于"冀绿17号"的播种、除草、病虫害防治，适用于北方春播区和夏播区适宜区域。

二、技术要点

"冀绿17号"适宜春播和夏播，平均生育期69d左右，幼茎绿色，成熟茎绿色，株高65.9cm，主茎分枝4.4个，主茎节数12节。叶片卵圆形，浓绿色，叶片较大，花浅黄色。单株结荚35.9个，荚长11.3cm，圆筒形，成熟荚黑色。单荚粒数11.2粒，籽粒长圆柱形，种皮绿色有光泽，白脐，百粒重5.8g。河北省绿豆新品种区域试验平均单产2 052.5kg/hm²，较对照

"保942-34"增产5.8%。

主要技术要点：夏播播期6月15～25日，最迟不晚于7月25日，春播播期4月10～5月10日。播种量15～22.5kg/hm²，播种深度3～5cm，行距40～50cm。种植密度：高水肥地12.0万～15.0万株/hm²，干旱贫瘠地可增至16.5万株/hm²。播种后出苗前，喷施适宜绿豆田的除草剂进行土壤处理，如96%金都尔乳油（精—异丙甲草胺），用量参照说明书；第一片三出复叶展开后间苗，之后视苗长势情况定苗；出苗后封垄前，视田间杂草发生情况，定向喷施15%乙羧氟草醚乳油和15%精稳杀得乳油，防治田间禾本科杂草和阔叶杂草；苗期、现蕾期和盛花期及时防治蚜虫、地老虎、棉铃虫、红蜘蛛、豆荚螟和蓟马等害虫；苗期不旱不浇水，花荚期视苗情、墒情和气候情况及时浇水。80%的荚成熟时，一次性收获。收获后及时晾晒、脱粒及清选，籽粒含水量低于14%时可入库贮藏。同一地块连续种植2～3年后注意倒茬。

三、技术来源

1. 本技术来源于"杂粮作物核心资源遗传本底评价和深度解析"项目。（2019YFD1000700）。

2. 本技术由河北省农林科学院粮油作物研究所完成。

3. 联系人刘长友，邮箱35931915@qq.com。

单位地址：河北省石家庄市高新区恒山街162号，邮编050035。

西南地区易脱壳苦荞新品种生产加工技术

一、功能用途

生产上的苦荞基本上都是厚壳型，很难脱壳。贵州师范大学荞麦中心陈庆富等通过杂交育种方法培育出了果壳薄的易脱壳苦荞品种"贵黑米 15 号"（籽粒果壳黑色）和"贵米苦荞 1 号"（籽粒果壳黄色），一年可以种植春季和秋季 2 季，适口性和加工品质等优于常规苦荞。

本品种易于脱壳，形成新鲜苦荞米整米，不同于常规苦荞米（褐色的熟米碎米），市场价格是常规苦荞米的 3 倍以上。

该技术应用于上述两品种"贵黑米 15 号"和"贵米苦荞 1 号"的种植栽培，适用于我国苦荞种植区。

二、技术要点

生产栽培技术与常规苦荞一致。但是由于种子较小，种子按播种量 2kg/亩与肥料（复合肥和磷肥 2：1 混合物）25kg/亩比例混合后，在 2h 内用播种机栽培完成播种。3 个月内可收获，中间无须追肥和管理。当 80％以上种子成熟后，即可开始收获。收获割刈后脱粒可采用水稻脱粒机。清粮后，可用小麦面粉机制粉。有脱壳机条件的地区，无须蒸煮即可以直接脱壳形成苦荞米，可像大米一样食用。也可以在玉米、烟草、甘薯收获后新增栽培收获 1 季苦荞，或幼果林栽培春秋 2 季，不仅抑制杂草，还收获 2 季苦荞。每季亩产量约 100～200kg。

三、技术来源

1. 本技术来源于"双子叶杂粮高效育种技术与品种创制"项目（2019YFD 1001300）。

2. 本技术由贵州师范大学荞麦产业技术研究中心完成。

3. 联系人陈庆富，邮箱 cqf1966@163.com。

单位地址：贵州省贵阳市云岩区宝山北路 116 号，邮编：550001。

青稞防渍生产技术

一、功能用途

渍害，又称"湿害"，是由于土壤水分饱和引起的一种植物根际缺氧非生物胁迫，严重影响农作物的产量和品质。青稞具有较强抗旱性、抗寒性、耐盐性、耐瘠薄性和丰富的营养成分，作为春播作物广泛种植于我国青藏高原地区，是我国藏民的传统主粮，年种植面积 600 万亩左右。青藏高原地区播种季节干旱，往往通过播后灌溉出苗；灌浆期雨水偏多，田间积水渍害严重。传统青稞种植方式仅考虑灌溉出苗，多采用大田漫灌或围垄灌溉，由于田间无沟系及整地不平，青藏高原河谷灌溉区青稞生产中经常发生苗期灌溉渍害和后期雨水渍害，导致青稞出苗不齐和后期早衰，严重影响青稞产量和籽粒成熟度。

本成果建立了青稞种质耐湿性的鉴定体系，鉴定筛选了耐渍青稞种质及品种。针对青稞生产中渍害对青稞产量和品质的影响，提出青稞防渍生产技术。该技术从品种选择入手，加强种子精选，提高品种和种子的耐渍能力；同时配套田间开沟整地管理技术，提高田间的防渍能力。本成果可以有效减轻青稞苗期灌溉渍害和后期雨水渍害对青稞产量和品质的影响。

与传统青稞生产技术比较，该成果使青稞大面积增产 8％～10％，亩增产25kg 以上，每亩增产效益在 100 元以上，并可显著提高青稞籽粒的成熟度和商品性。该成果适用于青藏高原的河谷灌溉农区。

二、技术要点

1. 选用耐渍性好的青稞品种

选用耐渍性较强的"14-3492""2018 青 36""13-6927""13-5171-7"等青稞新品系，提高品种的耐渍能力。

2. 精选高活力种子

通过机械精选，去除瘦瘪、破损、虫蛀的种子及杂质，选留高活力种子，增强种子对出苗期灌溉渍害的抗性，保全苗。

3. 提高整地质量，开好内三沟

接通内外沟，实现沟灌沟排，提高整地的平整度。沟灌沟排既可实现播后灌溉与防渍，保证基本苗，又可在灌浆期实现沟系排水，防止渍害引起的早衰，提高籽粒成熟度，实现青稞高产优质。

三、技术来源

1. 本技术来源于"杂粮作物抗逆和品质形成与调控"项目（2018YFD 1000700）。

2. 本技术由扬州大学完成。

3. 联系人许如根，邮箱 rgxu@yzu.edu.cn。

单位地址：江苏省扬州市文汇东路 48 号，邮编 225009。

耐盐早熟田菁新品种"鲁菁6号"
高效高值制种技术

一、功能用途

由于耐盐田菁品种匮乏、制种技术落后、种子生产时间长、人工收获、种植模式单一、轻简化程度不高等原因，导致田菁种植成本和加工成本居高不下，田菁种子价格逐年增高，严重制约了田菁种植业和加工业的发展。

通过单株选育法，自主选育的早熟田菁新品种"鲁菁6号"，具备适应性强、耐旱、耐涝、耐瘠薄、抗倒伏等优点。在黄淮海地区全生育期 100～120d，株高 1.5～2m，主茎结荚，分枝少，耐盐碱（0.3%～0.6%）、耐密植，种子产量可提高 15%～20%。与品种选育配套的高效制种技术有集成免耕播种、等行距浅播、群体优化、高效杂草防控等。通过构建合理的群体密度，实现高效生产，提高了田菁种子生产的经济效益。此外，配套发明了土壤改良剂、专用除草剂、专用肥、田菁收获割台等专利产品，解决了盐碱地出苗保苗难、草害严重、田菁种子机械化收获的难题，实现了盐碱地田菁种子生产的轻简化与全程机械化，大大缩短田菁种子生产时间。还可与冬小麦轮作，实现"麦菁两熟"，改变了田菁种子"一年一熟"的传统生产方式，提高了田菁种子的生产效率以及土地利用效率，每亩地每年可增收300元左右。

本技术可在山东、黑龙江、陕西、甘肃等地区轻中度盐碱地（0.6%以下）推广应用。

二、技术要点

1. 播种

选用主茎结荚、植株较矮小、株高 1.5～2m、分枝少或无、株形紧凑、茎叶量少、全生育期 100～120d 的早熟型品种"鲁菁6号"。生产用种子质量应满足：净度≥94%、发芽率≥75%、水分≤12%，测定方法分别参照 GB/T 3543.3、GB/T 3543.4 和 GB/T 3543.6。5月中旬至6月上旬前茬作物收获后可播种，最晚不超过6月10日。播前晒种 1d 用 80～100℃ 水浸种 3～7min 后晾干。可撒播、穴播、条播。轻中度盐碱地宜条播，行距 40～60cm。用种量 1～1.5kg/亩。播种深度 1～2cm 为宜，播后覆土镇压。

2. 施肥

无前茬地块或中低产田基施磷肥（P_2O_5）2.4～3.2kg/亩，宜将磷肥施在条播沟内，深度6～8cm。高产田可不施基肥。施肥按 NY/T 496 的要求执行。

3. 水分管理

分别在播种后、初花期等两个关键生育期进行灌溉。田菁苗期耕层土壤相对含水量≤55％时，需进行灌溉保苗。每次灌水 30～60m³/亩，遇雨不浇或少浇。灌溉水质量应符合 GB 5084 的要求。苗期积水应及时排出。初花期后田间积水无须排出。

4. 草害管理

禾本科杂草可用烯草酮、高效氟吡甲禾灵或精喹禾灵等除草剂，阔叶杂草可选用咪草烟（咪唑乙烟酸）、甲氧咪草烟、甲基咪草烟（甲咪唑烟酸），上述除草剂可混合使用。若发现菟丝子，连同寄生植物一并拔除。农药的使用应符合 GB 4285 的要求，田间防治作业应符合 GB/T 17997—2008 的规定。

5. 种子收获

60％～70％的荚果成熟时可用联合收割机进行籽粒收获作业，联合收割机使用符合 GB 16151 要求。籽粒晾晒至含水量12％以下，入库保存。含水量测定按照 GB/T 3543.6 要求进行。田间剩余秸秆可使用秸秆还田机粉碎，并用旋耕机翻压至耕层。秸秆还田机和旋耕机的使用符合 GB 16151 要求。可参照下茬作物播种要求进行播前准备。

三、技术来源

1. 本技术来源于"黄河三角洲耐盐碱作物提质增效技术集成研究与示范"项目（2019YFD1002700）。

2. 本技术由山东省农业科学院山东省农作物种质资源中心完成。

3. 联系人张晓冬，邮箱 zxdong2002@163.com。

单位地址：山东省历城区工业北路 202 号，邮编 250100。

PPC 基生物降解渗水地膜
穴播旱作高产技术

一、功能用途

该成果由厚度 0.007mm 的聚碳酸酯 PPC 基全生物降解渗水地膜，系列铺膜穴播机以及波浪形覆盖模式构成。地膜具有微米级小孔结构和生物降解功能，厚度减少 40%，大幅降低每亩地使用成本；建立了一套机械化波浪形覆盖的轻简化旱作高产技术模式，有利于丘陵沟壑区域地膜的使用与机械化作业。

解决的问题及效益：该技术为冷凉半干区旱作农田的农作物创造水、肥、气、热相协调的根系微生态环境，解决了高效利用小雨量降水资源难度大和生物降解地膜成本高的技术难题。利用该技术在半干旱地区生产中天然降水利用率由 40% 提高到 60% 以上，生物降解地膜亩用量和亩投资减少 40% 以上；与普通地膜覆盖相比旱作增产幅度 10% 以上，180d 降解 50% 以上，365d 降解 95% 以上，亩节本增收 30% 左右。

适用范围：技术适宜作物主要有高粱、谷子、糜子、大豆、玉米等。适宜在年降水量 300～550mm 的长城沿线偏碱性土壤的半干旱区旱地使用，也适宜在年降水量小于 250mm 的干旱灌溉区偏碱性土壤上使用。不适宜在杂草多的农田使用。

二、技术要点

该技术可以在不增加地膜用量的前提下，同时达到降低劳动成本、环境友好、增产增收目标。主要技术内容和方法步骤如下：

技术内容：包括两个产品和一套种植模式。第一个产品是薄型聚碳酸酯 PPC 基全生物降解渗水地膜，厚度 0.007mm×宽度 1 300mm，具有渗水、保水、增温、调温、微通气、可生物降解等功能，地膜亩用量 5kg；第二个产品是 2MB-1/3 系列铺膜穴播机，用 30 马力以上四轮拖拉机牵引，可以一次完成开沟探墒、铺膜覆土、打孔穴播、精准镇压；一套种植模式是宽幅生物降解渗水地膜波浪形覆盖模式，创造了优良的近地面生态环境，可有效利用半干旱地区年发生频率高达 70% 以上的小雨降水资源、防止土壤板结、抑制杂草、延长降解渗水地膜的耐候期。

方法步骤：3月上旬土壤解冻后整地，具体环节分6个步骤：

①清除地面秸秆和残膜；

②根据目标产量和作物种类一次性施入有机肥和化肥，施肥旋耕后及时耙糖镇压防止土壤跑墒；

③4月中下旬播种准备，播种前不再扰动土壤，选用内轮距900mm左右的四轮拖拉机悬挂2MB-1/3铺膜穴播机，采用厚度0.007mm×宽度1 300mm生物降解渗水地膜，一膜种植三行作物；

④播种，播种沟开沟深度5cm左右，根据作物密度调整行距、穴距和下种数，播种后的覆土厚度1cm左右，播种覆土后镇压轮要与播种孔对位；谷子行距40cm、穴距20cm，穴下种量8～12粒，条带间距60cm；高粱行距42cm、穴距20cm，穴下种量1～3粒，条带间距70cm；玉米行距40cm、穴距25cm，穴下种量1粒，条带间距80cm；

⑤检查苗情，本项技术一般不用人工间苗，当出苗数过大时要进行辅助间苗，当覆土过厚造成板结出苗过少时应辅助放苗或补苗（谷子亩密度25 000～35 000株、高粱亩密度5 000～8 000株、玉米亩密度4 000～4 500株；

⑥生育期管理，在作物封垄前，当地膜由于杂草或人畜踩踏等原因造成膜的破裂时，应当用土覆盖裂口。

三、技术来源

1. 本技术来源于"秦巴山、吕梁山主要经济作物提质增效技术集成研究与示范"项目（2018YFD1001000）。

2. 本技术由山西省农业科学院完成。

3. 联系人姚建民，邮箱841952252@qq.cm。

单位地址：山西省太原市小店区坞城路4号，邮编030006。

4

第四部分

特色经济林作物

油茶树体调控技术

一、功能用途

传统的油茶树体管理技术缺乏科学指导，管理粗放，存在单位面积产量低和大小年结果现象。该成果基于叶幕微气候和光合产物分配规律，提出了冬季物理修剪和夏季利用植物生长调节剂化学修剪相结合的油茶整形和结果枝培养与更新技术体系。应用油茶树体物理调控技术可使油茶树冠下层种仁出油率和鲜果含油率比传统树形提高了 56.26％、94.10％，树冠内膛提高 27.35％、41.59％。优化结果枝修剪使结果枝的数量增加 56.30％，成花数量增加 150.38％，果实数量增加 117.07％，坐果率增加 40.13％，单枝产量增加 303.68％。油茶树体化学调控可使油茶花芽分化率、果实质量、种子质量、果仁质量、出仁率分别增加了 29.2％、60.5％、62.9％、0.7％和 6.4％。对生长势强的油茶喷施 1 000mg/L 多效唑，花芽分化率、果仁质量、出仁率分别增加了 23.24％、7.70％和 9.17％。喷施芸苔素使种仁出油率和油酸含量分别提高了 16.31％和 4.92％。

二、技术要点

1. 油茶整形：油茶树形整成开心形。

2. 油茶结果枝培养与更新：为了保证油茶的连年坐果率，在结果枝的培养过程中，要留有Ⅰ类新梢保证当年的产量，还要留有Ⅱ类长枝、Ⅱ类中枝作为来年的挂果枝保证下一年的产量，为了减少落花落果导致营养的流失，必须做到合理负载，可以疏Ⅰ类长枝下的果，尽可能保留Ⅰ类长枝和Ⅱ类中枝。

3. 树体化学调控：于油茶花芽分化临界期（5月），对生长势弱的油茶树喷施 300mg/L 赤霉素，对生长势强的油茶喷施 1 000mg/L 多效唑。油脂转化高峰期（9月）喷施浓度为 0.01mg/L 的芸苔素。

三、技术来源

1. 本技术来源于"特色食用木本油料种实增值加工关键技术"项目（2019YFD1002400）。

2. 本技术由北京林业大学完成。

3. 联系人苏淑钗，邮箱 568378121@qq.com。

单位地址：北京市海淀区清华东路 35 号，邮编 100083。

油茶林水分调控技术

一、功能用途

通过研究水分胁迫和干复水过程中土壤含水量对油茶生理代谢的影响，首次提出油茶生长适合的土壤含水量。利用 Sap flow 和 TDP 技术首次研究并提出了不同年龄、不同生育期、不同立地条件、不同天气状况下油茶耗水量。研究了油茶林土壤水分变化动态，提出了不同月份水分亏缺值和灌溉量。在此基础上，针对无灌溉条件油茶林，采用技术创新方法对油茶进行水分调控。创建了利用生态垫以及生态垫结合其他材料的蓄水措施，解决油茶林不同生育期水分供应不平衡问题的技术体系。

采取生态垫等覆盖技术，拦截 5～6 月降水，用于补充 7、8、9 三个月降水的不足，解决油茶生产中 7 月干果，8 月干油现象。与传统技术相比，无须进行灌溉系统建设，保证无灌溉条件油茶林水分平衡供应。能够达到如下效果：

①通过生态垫覆盖油茶林 7～9 月土壤含水量分别提高 47.48%～118.58%和 49.92%～102.10%。

②覆盖处理土壤昼夜温差明显减小；夏季降低土壤温度；覆盖降低夏季土壤表面温度，5～11 月地面温度分别由 26～42℃变为稳定的 26.1～27.9℃，24.6～41.6℃变为稳定的 26.4～27.6℃；日极差分别在 1.8～1.2℃保持稳定；避免了地表高温对油茶苗的伤害。

③5 年生油茶每亩油脂产量比对照提高 43%；10 年生油茶油脂产量比对照提高 38.13%。

④覆盖明显减少了杂草种类、盖度、密度，明显降低除草成本。

该技术在湖南、江西、广西等油茶林产区应用。

二、技术要点

因 7 月和 8 月是南方油茶缺水主要月份，生态垫等需在 5、6 月雨季来临前铺完，充分蓄水满足 7～9 月水分需求，防止"7 月干果，8 月干油"说法变成现实。

1. 生态垫

生态垫规格：（1m×1m）/张，厚度：1cm（注：厚度大约在 0.8～1.0cm），质地：棕榈纤维（喷胶）。

因 7～8 月是南方油茶缺水主要月份，遂选取 7 月对油茶树体进行覆盖，以防止"7月干果，8月干油"说法变成现实。

具体操作：选取树势长势一致，无病虫害的 4 年生树，树体行间距 2.5cm×2.5cm，除草后将生态垫覆盖住树体，一张生态垫一棵树。

2. 稻草

具体操作：材料选取当年生新鲜稻草，除草后均匀铺于树体根部，厚度约为 3～5cm。

3. 生态垫＋稻草

具体操作：将稻草均匀平铺于树体根部，厚度约为 2～3cm，将生态垫平铺于稻草之上。

4. 生态垫＋稻草＋施肥

材料与前同，肥料选用复合肥，每株树 0.25kg。

除草后，用锄头在树体根部挖深约 25cm 的小坑（小坑离树体根部 30cm），按照 0.25kg/株复合肥进行施肥，再将土回盖。最后将生态垫覆盖于稻草之上。

5. 石子

石子选用的是河沙石子，每粒大小均匀（每粒直径约 1～1.5cm），同样在除草后每株树约一担的量围绕树体根部进行覆盖。

6. 木灰

材料选用刚出厂的新鲜木灰，每株按厚度约 5～10cm，直径约 30～40cm 均匀覆盖于树体根部。

7. 油茶壳

选用上一年剥下的外壳，按厚度约 5～10cm，直径 30～40cm 覆盖于树体根部。

三、技术来源

1. 本技术来源于"特色食用木本油料种实增值加工关键技术"项目（2019YFD1002400）。

2. 本技术由北京林业大学完成。

3. 联系人苏淑钗，邮箱 568378121@qq.com。

单位地址：北京市海淀区清华东路 35 号，邮编 100083。

油茶优质丰产栽培技术

一、功能用途

春季是油茶造林的最佳时期，也是油茶林整形修剪、病虫害防治的关键时期。本技术显著提高了油茶造林地成活率和病虫害防治效果，适用于油茶中心栽培区（湖南、江西低山丘陵区，广西北部低山丘陵区，福建低山丘陵区，浙江中南部低山丘陵区，湖北南部、安徽南部低山丘陵区）。

二、技术要点

1. 油茶造林

造林地选择：选择海拔 600m 以下，相对高度 200m 以下，坡度 25°以下，土层厚度 60cm 以上，pH 4.5～6.5 的红壤、黄壤或黄棕壤的低山丘陵作为油茶造林地。

整地：根据造林地坡度、土层厚度等因素确定采取全垦、带垦或穴垦的整地方式。在平地、缓坡地（在 10°以内）或需间作的林地采用全垦，坡度超过 10°，按行距环山水平开梯，外高内低，按株行距定点挖穴；10°～15°，梯面宽 3～6m；15°～25°，梯面 1.5～2.5m。梯面宽度和梯间距离要根据地形和栽培密度而定。

挖穴：按株行距定点开穴或按行距进行撩壕，穴规格宜 60cm×60cm× 60cm 以上，撩壕规格为 60cm×60cm。

施基肥：定植前 60d 施用有机肥，定植前 20～30d 在穴中施放腐熟的土杂肥 10～30kg 或 1～2kg 有机肥，并回填表土。

栽植密度：纯林栽植密度宜采用 2.5m×2.5m、2.5m×3.0m、3.0m× 3.0m 株行距。实行间种或者为便于机械作业，栽植密度株行距以 2m×4m、2.5m×5m 和 3m×5m 为宜。

品种配置：在适合栽培区的审定品种中，应根据主栽品种的特性，配置花期相遇、亲和力强的适宜授粉品种。

栽植：根据栽培区域选择栽植季节，中心栽培区油茶栽植在冬季 11月下旬到次年春季的 3月上旬均可，最适时期是 2月上旬至下旬。裸根苗宜带土或者蘸泥浆和生根粉后栽植。将苗木放入穴中央，舒展根系，扶正苗木，边填土边提苗、压实，嫁接口平于或略高于地面（降雨较少的地区可适当深栽）。栽后浇透水,用稻草等覆盖小苗周边。容器苗栽植前应浇透水,栽植时去除不可降解的容器杯。

2. 油茶林分级管理

①幼林管理

松土除草:种植前 4 年应及时中耕除草,扶苗培蔸。松土除草每年夏、秋各一次。

施肥:施肥一年两次,春施速效肥,尿素每株 0.5kg。冬施迟效肥,如火土灰或其他腐熟有机肥,每株 2kg。

整形修剪:油茶定植后,在距接口 30～50cm 上定干,逐年培养正副主枝,使枝条比例合理,均匀分布。通过拉枝和修剪塑造树形,油茶的适宜树形为圆头形和开心形。

套种:在幼林地可间种收获期短的矮杆农作物、药材,也可间种黑麦草、紫云英等绿肥,并及时割刈培肥。

②成林管理

土壤管理:夏季铲除杂草,深翻土层,深度 8～10cm,每年 6～7 月进行。冬季深翻土层,深度 15～20cm。在 12 月至翌年 1 月进行,每 2～3 年冬挖一次。

施肥:大年以磷钾肥、有机肥为主,小年以氮肥和磷肥为主。每年每株施复合肥 0.5～1.0kg 以上或有机肥 1～3kg,以有机肥的施用为主,采用沿树冠投影开环状沟施放。

修剪:在每年果实采收后至翌年树液流动前,剪除枯枝、病虫枝、交叉枝、细弱内膛枝、脚枝、徒长枝等。修剪时要因树制宜,剪密留疏,去弱留强,弱树重剪,强树轻剪。

3. 主要病虫害防治

油茶炭疽病防治:幼果开始膨大时和收果后可喷洒 50% 的多菌灵 500 倍液进行防治。在早春新梢发出后,用 1:1:100(硫酸桐:生石灰:水)的波尔多液(加 1%～2% 的茶枯水配制),分别在 3～4 月和 7～8 月各喷洒 2～3 次。在晴天特别是雨过天晴后喷药效果最佳。

油茶软腐病防治:2～3 月在病害发病高峰前可用 1% 波尔多液或 50% 退菌特 500～800 倍液全树喷洒。

油茶蛀茎虫防治:3～4 月在幼虫期喷洒 90% 敌百虫 500 倍液,成虫喷洒 90% 敌百虫 1 000 倍液、20% 乐果乳剂 500 倍液,效果很明显。

三、技术来源

1. 本技术来源于"特色经济林重要性状形成与调控"项目(2018YFD

1000600）。

2.本技术由中南林业科技大学、中国林业科学研究院亚热带林业研究所、湖南省林业科学院完成。

3.联系人肖诗鑫，邮箱 xsx1104@sina.com。

单位地址：湖南省长沙市韶山南路498号，邮编410004。

油茶长林系列高产良种栽培技术

一、功能用途

中国林科院亚热带林业研究所主持、联合亚林中心等单位选育的长林系列油茶良种具有高产、稳产和抗炭疽病等优点，是我国选育油茶良种中种植面积最大的良种系列，亩产油量提升至 30～50kg，该系列良种鲜出籽率、种仁含油率达到 40％以上，油酸含量 74％以上，炭疽病率在 3％以下。2009 年以来，在我国油茶中带、南带和北带分布区结合各地良种基地建设和引种试验，筛选出适宜区域发展的优良主栽品种组合，其中"长林 4 号""长林 40 号"和"长林 53 号"适宜中带和南带栽培，"长林 4 号""长林 40 号"和"长林 18 号"适宜北带栽培。结合良种筛选和应用，提出了相应的栽培管理和适应机械化作业及适应于劳动力需求的品种配植技术。在芽苗砧嫁接技术熟化基础上，近 10 年完成芽苗嫁接育苗与轻基质容器结合。长林系列良种已在江西、浙江、河南、安徽、湖北、湖南、贵州、重庆、福建、广东、广西等省区进行试验栽培与生产性示范，并在主产区低丘缓坡和大别山区、武陵山区、九万大山、赣南苏区等地取得初步高产高效效果。

二、技术要点

本成果筛选的长林系列油茶良种主要包括"长林 3 号""长林 4 号""长林 18 号""长林 21 号""长林 23 号""长林 40 号""长林 53 号"等，宜在海拔 800m 以下、土层厚度 40cm 以上，排水良好的酸性壤土、轻壤土或轻黏土，坡度 25°以下坡地种植，在油茶栽培中带和南带，采用"长林 4 号""长林 40 号"和"长林 53 号"主栽，"长林 3 号"或"长林 23 号"配栽模式，在油茶栽培北带，采用"长林 4 号""长林 40 号"和"长林 18 号"主栽，"长林 53 号"或"长林 23 号"配栽模式，采用容器苗或 2 年生裸根苗造林，依据立地条件，种植密度控制在 60～95 株每亩，定点挖穴，规格 50cm×50cm×50cm 以上，底肥施 3～5kg 基肥。

三、技术来源

1. 本技术来源于"特色经济林生态经济型品种筛选及栽培技术"项目

（2019YFD1001600）。

2. 本技术由中国林业科学研究院亚热带林业研究所完成。

3. 联系人姚小华，邮箱 yaoxh168@163.com。

单位地址：浙江省杭州市富阳区大桥路 73 号，邮编 311400。

"太秋"甜柿品种栽培技术

一、功能用途

"太秋"甜柿为完全甜柿,树势较强,树冠稍直立;雌雄同株异花,也有个别完全花;单性结实能力较强,种植时不需要配置授粉树;果扁圆形,平均单果重300g,最大450g;果皮橙黄色,肉质松脆,褐斑无或极少,汁液特多,味甜,糖度14%~20%,种子0~3粒,无核果多,品质极上;在浙江9月中旬至11月上旬采摘;种植后2~3年结果,7~9年进入盛果期,丰产稳产;但在秋季雨水过多的地方,少量果实果表面易产生极为细小裂纹和污损,需通过加强栽培措施解决。

同生产上现有"次郎""富有"等主栽甜柿品种相比,最大优点是肉质十分松脆、细嫩、汁多,风味特别好,显著提高了品质;果实大小约为"富有""次郎"的1.5倍;采摘时间长达50多d,市场供应期长。"太秋"甜柿目前在浙江杭州富阳、桐乡、东阳等地栽培,柿园产地内果实售价高达50~70元/kg,3~4年生亩收入4 000元以上,盛果期亩产2 000多kg,亩收入2万~8万元以上,经济效益十分明显。

该技术应用于"太秋"甜柿的嫁接繁殖、栽培种植和病虫害防治,适用于浙江全省及广大南方山区。

二、技术要点

"太秋"甜柿用嫁接繁殖,对砧木要求很严,与"君迁子"等许多砧木嫁接不亲和,宜用"亚林柿砧6号"作砧木,其他与一般柿树育苗方法相同。繁殖要点为:秋季采取"亚林柿砧6号"砧木种子贮藏,春天播种,条播。生长季节及时追肥,培育成粗壮的实生苗,第2年春天用枝接法进行嫁接,塑料布捆扎,及时抹芽与中耕除草,年底苗木即可出圃。

栽培技术要点:

①选择土壤中性偏酸、土层深厚肥沃、排灌便利、光照充足的地块种植。

②挖大穴,80cm×80cm×80cm,每穴放腐熟有机肥,加0.5kg磷肥。

③株行距3m×4m或2.5m×5m,一般50株/亩。

④苗木落叶后至第二年萌芽前种植。不需要配置授粉树。幼龄树每年秋冬季施以有机质为主的基肥一次,生长季节追肥3~5次。

⑤成年树每年秋冬施有机质为主的基肥一次，另加 1kg 磷肥。在 3 月底、6 月底、8 月底追肥 3 次，每次 0.5～1kg 尿素，0.4～0.5kg 钾肥。

⑥以变侧主干形或自然开心形树形为主，成年树修剪时以疏为主，少留背后枝，结果母枝不短截，3～4 年生的结果枝组需更新，以促发粗壮的结果母枝。

⑦易着生雄花，雌花着生有时偏少。为确保产量，需增加雌花着生数量，疏除过多的雄花及细弱枝。结果多时需要疏花疏果。

⑧及时中耕除草，防治病虫害。重点是防治炭疽病。

三、技术来源

1. 本技术来源于"特色经济林高效育种技术与品种创制"项目（2019YFD1001200）。

2. 本技术由中国林业科学研究院亚热带林业研究所完成。

3. 联系人龚榜初，邮箱 gongbc@126.com。

单位地址：浙江省杭州市富阳区大桥路 73 号亚林所，邮编 311400。

优质甜柿广亲和砧木筛选和应用

一、功能用途

本成果筛选出一种广亲和砧木"小果甜柿"。已知其与优质甜柿品种如"太秋""早秋"等嫁接亲和，具有扦插生根能力。可以通过控制花粉源基本保持砧木的一致性，且嫁接苗结果早、丰产稳产。该品种砧木已成为甜柿优质品种的首选砧木。

该技术适用于上述砧木的播种、嫁接和嫁接后管理，适用于我国甜柿产区。

二、技术要点

1. 种子收集

待果实充分成熟后，采集"小果甜柿"成熟种子（种皮褐色变深）；待果肉自然沤烂后收集种子，自来水清洗后自然晾干和避光保存，每公斤种子数量约 1 800～2 000 粒。

2. 播种和播种后的管理

春季气温 15°以上时播种；播种前自来水浸泡 5～7d，或沙藏 30d 以上；推荐采用露地条播方式（10cm×20cm），或者塑料拱棚育苗后移栽（剪断主）。播种后注意间苗，适时补充肥水和控制病虫害。

3. 接穗准备和嫁接

推荐选用前一年冬季修剪后的休眠枝条，冷藏或沙藏后备用。推荐的嫁接时期为播种后砧木生长一年后的春季；嫁接前接穗自来水浸泡 12h 以上，砧木开口距地面 50～10cm（嵌芽接）。

4. 嫁接后的管理

适时补充肥水和控制病虫害，并注意检查成活率和分两次解绑。

三、技术来源

1. 本技术来源于"特色经济林优异种质发掘和精细评价"项目（2019YFD1000600）。

2. 本技术由华中农业大学完成。

3. 联系人罗正荣，邮箱 luozhr@mail.hzau.edu.cn。

单位地址：湖北省武汉市洪山区狮子山街 1 号，邮编 430070。

板栗修剪和施肥互作提质增效关键技术

一、功能用途

板栗喜光、枝条顶端优势强，管理不当则会造成内膛空虚、结果部位外移，从而导致低产。修剪可调节树体结构，改善树体通风透光条件，施肥可供给树体适量适当的养分。与传统技术单独实施相比，两者互作则更有利于实现板栗树体最佳有效光合面积和养分供给量，可实现树体最适果实承载量，从而使板栗达到高产、稳产和优质。本成果自 2016 年已经在河北省迁西县东荒峪镇、汉儿庄乡、罗家屯镇等板栗产区进行了应用，先后建立了试验林、示范林600 亩，辐射 5 万亩，板栗增产 15%～20% 以上，极大地带动了当地农民增收致富。

二、技术要点

板栗修剪和施肥互作提质增效关键技术在于根据栗树生长周期、板栗树体长势、叶片 DRIS 营养诊等，建立板栗高光效控冠修剪和施肥互作栽培模式。具体如下：1. 针对不同密度和树龄板栗确定单位树冠投影面积、结果母枝的留枝量，实现板栗树体最优有效光合面积，且有效控制树体高度；2. 依据板栗叶片 DRIS 指数分级标准，实现精准施肥；3. 促使板栗雌花序：雄花序比值由 1∶5 提高到 1∶2，有效提高板栗产量；4. 提高板栗果实品质，优质果率90% 以上。本成果有效解决板栗因结果部位外移、树体高大、操作不便、雌雄比例低、空苞多、果实优质率低等问题。

三、技术来源

1. 本技术来源于"特色经济林生态经济型品种筛选及配套栽培技术"项目（2019YFD1001600）。

2. 本技术由北京林业大学完成。

3. 联系人郭素娟，邮箱 gwangzs@263.net。

单位地址：北京市海淀区清华东路 35 号，邮编 100083。

板栗园春季管理技术

一、功能用途

本成果针对板栗树体生产特点，从生产需求出发，结合本人多年的生产实践，在理论阐述的基础上，介绍了板栗园春季管理关键技术要点，对于优化板栗品种结构，增强板栗树势、促进后期雌花形成，最终提高坚果质量有重要作用。成果所用文字浅显易懂，图文并茂，便于栗农学习和掌握。适用于北方板栗主产区。

二、技术要点

1. 栗树冬季修剪，小树整形

轻剪为主；主干适宜高度 50～70cm。

2. 修剪

注意要根据品种、生长势、土壤条件等因素，确定修剪后树冠内应保留结果母枝的数量。计数方法为：确定修剪后母枝保留量（个/m²）＝修剪后栗树树冠内母枝应有保留量（个）/栗树冠垂直投影面（m²）。如北京地区适宜保留量为 8～12 个/m²。回缩树冠外围过长延长枝与树冠顶部延长枝。疏除树冠内膛的重叠枝、交叉枝、徒长枝、并生枝。短截生长势弱的一年生枝或生长势旺的一年生枝。

3. 栗园清理

结合修剪，老树、大树刮老皮和涂白；清理栗园的枯枝落叶。萌芽前全园喷一次 5 波美度的石硫合剂，以杀灭病虫源。

4. 施速效肥，浇水与保墒

土壤返浆（3 月中旬）施复合肥，促进花芽分化。施肥量：正常年份，栗树每生产 100kg 栗实需要 N 3.2kg，P 0.76kg，K 1.28kg。在目前的生产水平下，建议施肥量为：5 年生以下的小树，株施 2～2.5kg；5～10 年生树，株施 5.0kg；10～20 年树，株施 10kg；20 年生以上树，株施 15.0kg。

另外，有浇水条件的栗园施硼肥，或雌花序出现时喷施 0.2％硼砂、0.2％硫酸锌的混合液。

5. 蓄水保墒

由于大多数板栗产区不具备水浇条件，因此，板栗园的蓄水，就是通过工程措施，就是把降雨有效留存到蓄水区或树底下。可通过截流工程、做树盘、减少荒地等措施有效截留降水；地膜覆盖、翻树盘、树下种植绿肥、树下覆盖等方式有效保墒。

6. 接穗的处理、贮存与嫁接

①接穗的蜡封，把采好的接穗接成 10～15cm 的小段，每段上半部留有 2～4 个饱满芽。石蜡温度控制在 90～100℃之间。接穗整段速蘸石蜡后，于地窖存放，上下均湿沙或地膜覆盖；或于 2～5℃、湿度 90％的冷库贮存。

②嫁接，嫁接前 15d 与接后 15d 内不能浇水。砧木嫩芽吐绿时为最佳嫁接时间。嫁接方法可根据砧木、接穗的粗度选择性使用劈接法、插皮接法、皮下腹接法、合接法。

③接后管理，除萌条：7～10d 除一次，除净为止，对嫁接未成活的砧木上选择 3～5 根健壮的萌条留下，待来年补接用。

绑支棍：当新梢长到 30cm 以上时，为避免劈裂，要绑支棍，支棍长度 1m 左右，把新梢系在支棍上。

掐尖摘心：当新梢长到 30cm 时及时掐尖，嫁接当年摘心 2～3 次。

对嫁接树要注意防治病虫害的发生。

7. 板栗病虫害防治技术

①栗胴枯病，主要危害主干及主枝。防治方法：

a）消灭病源：刨死树，除病枝，刮病斑，集中烧毁。

b）于早春 4～5 月发病初期，及时彻底刮除病斑，并涂抹农抗 120 的 10 倍稀释液或石硫合剂 2～3 度，或火碱 5～10 倍水涂干，每半个月涂抹 1 次，共 3 次。

②栗透翅蛾，主要危害主干或主枝的韧皮部。防治方法：

a）3～4 月将危害处刮皮，用青虫菌 6 号 1 000 倍液或杀螟杆菌 500 倍液向刮皮部位喷雾或涂干。

b）8～9 月成虫出现期，喷灭幼脲 3 号悬浮剂 500 倍液或喷 5％农梦特乳油 1 000～2 000 倍液，消灭成虫及卵。

c）冬季刮除树干 1m 以下的老皮烧毁。树干刷涂白剂。

③栗树红蜘蛛，以成虫和若虫态在叶面上危害。防治方法：

a）展叶前，全树喷 5 度石硫合剂。

b）保护草蛉、捕食螨及瓢虫等，利用天敌灭虫。

④桃蛀螟，栗实的主要虫害。春季利用黑光灯或糖醋液诱杀成虫，每 3～5 株挂一罐。糖醋液配制比例为：糖 6 份、醋 3 份、白酒 1 份、水 10 份。

⑤栗大蚜，以成虫和若虫群居于新梢、嫩枝、叶片背面刺吸汁液危害。

a）春季人工刮除冬卵。

b）5 月喷 50％灭幼脲 1 000～1 500 倍液喷雾。采收前 1 个月停施化学农药。

三、技术来源

1. 本技术来源于"特色经济林重要性状形成与调控"项目（2018YFD1000600）。

2. 本技术由北京市林业果树科学研究院完成。

3. 联系人兰彦平，邮箱 lanyanping2000@126.com。

单位地址：北京市海淀区闵庄路瑞王坟甲 12 号，邮编 100093。

核桃专用砧木优良品种"中宁异"栽培技术

一、功能用途

"中宁异"是核桃种间杂交专用砧木品种，其母本为美国魁核桃（Juglansmajor），父本为中国核桃（Juglans regia）。该品种嫁接亲和力好，杂种优势明显，生长量超过亲本20％以上。核桃砧木专用品种"中宁异"适宜作早实核桃品种的砧木，可显著增强树势和抗逆性，增加产量，改善品质，延长树体经济寿命15～20年，提高经济效益3倍以上。整株无性系化是干鲜果品树种良种化和产业化发展的必经之路，该品种的选育成功，为砧木专用品种无性系化应用提供了技术支撑，将积极促进核桃产业健康持续发展。

该技术应用于"中宁异"的栽培管理，适用于河北、河南、湖北、四川、山东、山西、陕西、新疆等省（区）核桃适宜栽培区域。

二、技术要点

1. 栽培管理技术要点

年平均温度9～18℃，绝对最低温度≥−15℃，绝对最高温度≤40℃，无霜期180d以上，全年日照时数≥1 800h，年降水量400～1 500mm，10℃以上年有效积温≥3 000℃；栽植区立地条件：背风向阳地带，坡度≤20°，土层厚度≥1.0m，通透性良好的砂壤土、轻壤土和壤土，pH 6.5～8.0。

选择经国家或省级审（认）定，并且在当地表现良好的良种，通过芽接法进行嫁接。在砧木、采穗母树枝条半木质化后的一个月内进行嫁接。嫁接部位距地面5～30cm，芽接20d后解除绑扎物，接芽生长＞8cm时，在接芽上方1cm左右剪砧并加强水肥管理，促进苗木木质化。

纯园：早实良种株行距：（4～5）m×（5～6）m，晚实良种株行距：（6～8）m×（10～12）m；间作园：早实良种株行距：（5～6）m×（6～8）m，晚实良种株行距：（6～8）m×（10～12）m。

土壤管理可采用以下方法：土壤中耕：夏秋季结合灌水、施肥进行中耕除草，耕作深度宜15～20cm，每年2～3次；深翻扩穴：土壤条件较差的立地，在果实采收后至落叶前深翻1次，翻耕深度40～50cm。土壤条件较好或深翻有困难的立地可浅翻，浅翻深度 20～30cm。结合施基肥进行。

施肥管理可采用基肥：果实采收后至落叶前尽早施入；追肥：萌芽前后追 1 次，果实发育期追施 1 次；叶面喷施：果实发育期和硬核期各喷施 2～3 次。施肥量：基肥以腐熟的有机肥为主，施肥量幼树 25～50kg/株，初果期树 50～100kg/株。追肥一般 1～5a 生树，每 m² 树冠影面积施纯氮 50～100g，纯磷和纯钾 30～60g。灌水：灌水时间和灌水次数依当地气候条件而定。关键时期为春季萌芽前第 1 次灌水，果实发育期第 2 次灌水，采收后至土壤封冻前第 3 次灌水。

2. 主要病害防控

参照《核桃标准综合体》（LY/T 3004—2018）第 4 部分相关内容实施。

3. 常用树形

常用树形有主干疏散分层形、单层高位开心形和纺锤形 3 种。

三、技术来源

1. 本技术来源于"特色经济林生态经济型品种筛选及配套栽培技术"项目（2019YFD1001600）。

2. 本技术由中国林业科学研究院林业研究所完成。

3. 联系人张俊佩，邮箱 1054122493@qq.com。

单位地址：北京市海淀区香山路东小府 1 号，邮编：100091。

山核桃良种嫁接技术

一、功能用途

本成果介绍了山核桃良种嫁接繁育过程中圃地选择和准备、专用砧木选择与处理、良种穗条采集与贮存、嫁接技术及嫁接苗的管理要求，与传统山核桃本砧嫁接繁育相比，可以筛选出亲和性好、生长量大、抗逆性强的专用砧木，嫁接成活率由原来的 83.5％提高到 92.7％，出圃率从 56.4％提高到 75.2％，专用砧木嫁接苗适应能力强，在低海拔且土壤黏重区域造林保存率达到 94.6％，且对干腐病、根腐病的抗性显著提高，专用砧木嫁接苗在湖南、四川、安徽、江苏等省的成功引种栽培表明此项目有效扩大了山核桃的适宜栽培范围。

二、技术要点

1. 圃地选择和准备

圃地要求地势平坦，土层深厚，灌溉便利，排水良好；微酸性至微碱性的沙壤土或壤土，忌土壤黏重，忌前茬为蔬菜等农作物。

精细整地，作床开沟，对圃地进行翻耕、耙地、平整。深耕细整，清除草根、石块，随耕随耙，用五氯硝基苯（五氯硝基苯 4g 和代森锌 5g，拌细土 12kg 后撒施）进行土壤消毒。

2. 专用砧木

选择 1～2a 生长健壮、根系发达、无病虫害、地径 1.0cm 以上的湖南山核桃或薄壳山核桃实生苗作为专用砧木，秋季或嫁接前 1 个月定植，定植前截干，保留主干 30～40cm，栽植株行距（15～20）cm×（25～30）cm，定植后浇透水。

3. 良种穗条采集与贮存

选择省级以上审（认）定的山核桃良种采穗圃采穗。2 月下旬～3 月上中旬选择健壮母树，在树冠中上部采集生长健壮、节间短、芽饱满的一年生枝为接穗，接穗用石蜡：蜂蜡（体积比 8：2）混合液封剪口，然后将穗条按长短分级，50 枝一捆，标签标明品种、采集地、采集时间等，用塑料薄膜包裹捆扎密封，在 4℃冷库储藏备用。

4. 嫁接

切接时间为 3 月下旬至 4 月上、中旬在砧木萌动（树皮易剥离）期嫁接，树皮不易剥离的暂缓嫁接。大规模嫁接育苗可搭塑料大棚保温，促使砧木提早萌动，延长适宜嫁接时间。嫁接前 1d，取出接穗，剔除病穗。嫁接采用切接法。砧木离地面约 10cm 处剪砧，剪口平齐，沿砧木东南方向一侧 1/4～1/5 处竖切一刀，切口长约 3.0cm，略带木质部。接穗取单芽，长约 4.5cm，芽上约 1.0cm，芽下约 3.0cm，穗条下部两侧各削一长削面和一短削面使成楔形，长削面略长于砧木切口，在接穗芽背面切成长切面约 3.0cm，芽下约 0.5cm 处下刀切成浅切面（略带木质部）。嫁接时将穗条插入砧木切口中，使穗条长削面露出少许（露白），并使两者形成层紧密接合（如穗条较小，应与砧木的一侧形成层对准），用塑料薄膜带绑紧，避免砧穗形成层移位，仅露出接穗主芽。

5. 嫁接苗的管理

抹芽。砧木萌芽力强，抹芽要"抹早、抹小、抹了"。在嫁接后 15～40d，每 7～10d 抹芽一次，穗条抽梢后，可以适当缩短抹芽间隔期。避免砧木萌芽抑制砧穗愈合及其接芽的生长，这是嫁接成活和壮苗培育的关键之一。

松土除草。前期杂草多，20～30d 松土除草一次，以后间隔期酌情延长。除草时要避免碰伤新梢，除草剂必须试验成功再用。

施肥灌溉。施肥结合灌溉进行，做到少量多次、薄肥勤施。嫁接后 2 周内，禁止灌水施肥，新梢长至 10cm 以上时，追施尿素 5～10kg/亩，6 月中旬追施复合肥 50～80kg/亩，7～8 月追施磷钾肥二次，追施复合肥 50～80kg/亩；生长高峰期每隔 20～30d 喷施一次叶面肥，可选用沃生中量元素水溶性叶面肥、绿风 95、金邦 1 号植物健生素、新农宝多元素复合叶面肥等。9 月中旬以后不施肥。

松绑解带。嫁接后 20～40d 砧穗愈合，接芽萌动展叶，开始生长。一般嫁接后 60～80d 松绑解带，防止愈合部位缢缩折断。若发现缢缩严重或生长过快的嫁接植株，要及时立支柱扶绑并摘心。

三、技术来源

1. 本技术来源于"特色经济林重要性状形成与调控"项目（2018YFD 1000600）。

2. 本技术由浙江农林大学完成。

3. 联系人黄坚钦，邮箱：huangjq@zafu.edu.cn。

单位地址：浙江省杭州市临安区武肃街 666 号，邮编 311300。

春季果桑园菌核病防控技术

一、功能用途

桑果鲜美可口、营养丰富，富含花青素、有机酸、黄酮类化合物等功能性成分。果桑产业已成为贫困地区桑农脱贫致富的主要支柱产业。菌核病是现阶段危害桑椹的主要病原菌，是真菌引起的病害，在国内果桑种植区均有发生，发病率高达 30％～90％，发病后很难治愈，对果桑产业带危害巨大，已成为我国果桑产业发展的瓶颈。课题组基于长期的基础研究和田间实践，总结了桑椹菌核病发病的主要原因包括：

①温湿度。在温度高、土壤潮湿时，果桑菌核病的发病率较高。在花果期遇到阴雨或高温多湿的天气，可能导致果桑菌核病的大发生。

②栽植密度。桑树栽植密度影响其生长环境，行距较小，株间密度较大，通风透光性差，湿度高，菌核病发病率较高。

③土地管理。新桑园内往往几年内几乎不发生果桑菌核病，菌核的有效量和存活率会随着耕作次数的增加而减少。

④桑树树龄。树龄越大，土壤中积累的病原基数越大，越容易诱发果桑菌核病。通常情况下，新植桑树第 1 年不发病，第 2 年轻微发病，发病严重程度逐年递增。

因此制定的主要防控措施如下：

①加强园区管理，修枝整形，翻耕并开沟排水。

②隔离病原。

③化学农药防治。此三种措施是挡墙防治桑椹菌核病的主要方法。

二、技术要点

1. 加强园区管理，修枝整形，翻耕并开沟排水

彻底清理桑园，将园内枯枝落叶焚烧干净后深埋，以减少园内病原菌；及时修剪细弱枝、病虫枝、下垂枝以及重叠枝，确保桑园通风透气；在桑树开花期前进行 1 次深耕，将土壤表面的病原菌菌核深埋于土壤；开厢沟深度 30～40cm、边沟深度 40～60cm，保持果桑园不渍水。

2. 隔离病原

在果桑树发芽前，用地膜或者秸秆覆盖桑园，阻止来年子囊盘伸出地面，

降低发病概率。增强桑园土壤肥力，提升桑树抗病能力，为了提高植株的抗病能力，可以增施磷肥和钾肥。桑树开花期前，在桑园内撒满石灰，能有效抑制菌核病的发生。

3. 农药防治

①在桑树开花初期开始第一次树冠喷雾，每间隔 7d 喷雾 1 次，连续喷雾 3 次。选用 50％多菌灵 WP750 倍液、70％甲基硫菌灵 WP1 000 倍液防效较好。

②结合桑园除草，使用草铵膦灭杀春季菌核萌发的子实体及子囊孢子。建议桑园于 2 月中旬至 4 月上旬以 20％草铵膦水剂 300～500 倍稀释药液喷洒土壤表面，在 3 月下旬喷洒菌核萌发的子实体及子囊孢子，对桑椹菌核病能起到较好的防治作用。

③大田中分别喷洒 375～750 倍液 95％除草剂草甘膦，能有效杀灭三种菌核病子囊盘和子囊孢子。

④50％腐霉利可湿性粉剂 1 500 倍、50％乙烯菌核利可湿性粉剂 1 500 倍、70％甲基托布津加 80％代森锰锌（1：1）可湿性粉剂 1 000 倍，并注意农药轮换使用。

三、技术来源

1. 本技术来源于"特色经济林重要性状形成与调控"项目（2018YFD 1000600）。

2. 本技术由西南大学完成。

3. 联系人何宁佳，邮箱 hejia@swu.edu.cn。

单位地址：重庆市北碚区天生桥 2 号，邮编 400715。

油橄榄高效繁育技术

一、功能用途

油橄榄（Olea europaea L.）是世界著名的优质木本油料兼果用树种，我国引种始于 1964 年，但种苗质量差，生长缓慢，童期长，严重影响了油橄榄产业发展的速度和质量。"油橄榄高效繁育技术"建立了一套油橄榄轻基质扦插育苗技术，主要优势体现如下：

①缩短育苗周期。传统育苗生根需 5～6 个月，而使用本发明可缩至 50d 左右。

②提高了扦插生根率。传统育苗生根率在 40%～80% 之间，本发明生根率可达 90% 以上。

③延长扦插季节。使用传统育苗方法，在 5 月以前下床，在 11 月至 12 月底扦插。该成果技术生根时间短，扦插时间可从 9 月至 5 月均可进行，实现了周年生产苗木。

④提高了苗木质量与移栽成活率。常规育苗移栽成活率在 70%，而使用该技术所培育的下床苗根系主根健壮，侧根发达，移植成活率高达 95% 以上。

二、技术要点

该成果在现有油橄榄育苗研究的基础上，对现行的油橄榄扦插育苗技术进行了改进，首次提出以 30% 珍珠岩＋30% 蛭石＋40% 泥炭土或 50% 珍珠岩＋50% 泥炭土的混合基质。同时控制扦插时插壤温度，使插床温度保持在 23～25℃，高于空气最适温度 18～20℃。

该技术适合在我国油橄榄适生区使用。

三、技术来源

1. 本技术来源于"特色经济林高效育种技术与品种创制"项目（2019YFD1001200）。

2. 本技术由甘肃省林业科学研究院完成。

3. 联系人吴文俊，邮箱 wuwenjun121@163.com。

单位地址：甘肃省兰州市城关区段家滩路 698 号，邮编 730020。

图书在版编目（CIP）数据

主要经济作物优质丰产高效生产技术. 一 / 农业农村部科技发展中心编. —北京：中国农业出版社，2020.9

ISBN 978-7-109-26983-5

Ⅰ. ①主… Ⅱ. ①农… Ⅲ. ①经济作物－高产栽培－栽培技术 Ⅳ. ①S56

中国版本图书馆 CIP 数据核字（2020）第 114578 号

主要经济作物优质丰产高效生产技术（一）

ZHUYAO JINGJI ZUOWU YOUZHI FENGCHAN GAOXIAO SHENGCHAN JISHU（一）

中国农业出版社出版
地址：北京市朝阳区麦子店街 18 号楼
邮编：100125
责任编辑：王秀田
版式设计：杜　然　　责任校对：沙凯霖
印刷：北京大汉方圆数字文化传媒有限公司
版次：2020 年 9 月第 1 版
印次：2020 年 9 月北京第 1 次印刷
发行：新华书店北京发行所
开本：700mm×1000mm　1/16
印张：13.5
字数：270 千字
定价：68.00 元